U0045835

法式常溫甜點

職人級烘焙，40款經典食譜，
從基礎技巧到口味變化

微微 Verina——著

作者序

甜點讓我找到了生命中的熱情，也承載著我對美味的無限熱愛。

2011 年，在設計系的各種課題裡掙扎的我，最放鬆的時刻就是打開電視看歐美的烘焙節目，看著烤箱裡那些小小軟軟的乳黃色麵團慢慢長大，因此而深感幸福。在一次友人的鼓勵下，我開始嘗試做烘焙，也就此愛上了待在烤箱旁靜靜等待的時光，之後的我像一個得到了黃金盔甲的騎士般，奮不顧身地前行，用各種方式探索烘焙的世界。

過去數年我曾遨遊於世界各地，親身體驗著各式各樣的甜點，彷彿它們是一本無字的日記，記錄著我一段段的旅程。那些五感的刺激、各種食材的相遇、烘焙技巧的學習，以及與不同文化的交流，我深刻體會了甜點的千變萬化，它可以是台灣的街頭小吃，或法國餐桌上的華麗浪漫，抑或是日本職人店的創新專一，甚至在與飲品的搭配上，也具有極大的魅力與學問，這一個個味蕾的發現，都是我的靈感起源。

經過多年的實踐經驗，教會了我甜點烘焙的複雜性和多樣性，了解了溫度和時間的神奇變化，並逐漸創造出屬於自己的烘焙風格，也讓我有幸成為一家甜點咖啡店的經營兼甜點創作者。這是一個雙重身份的角色，時而是創意的靈感家，時而是經營的智者，不斷在這兩者之間遊走。無數的嘗試讓我從失敗中成長，也學會創新，將不同的元素融入甜點中。

這本書裡分享的每一道甜點，不管是使用的食材或道具，都以「簡約」「經典」「美味」「實用」等關鍵字為核心來撰寫而成，樸實外表下帶來的是想永久保存的美好味道。期望能夠把我心中的那份甜蜜、那份美味，原封不動地傳達給您。

無論您是一位初試甜點烘焙的新手、甜點愛好者，還是有著經營夢想的創業者，希望這本書能夠幫助您創造出自己理想的甜點，並且提供靈感和實用的信息。也誠摯地邀請每一位讀者，一起享受待在烤箱旁靜靜等待的時光，體驗一個個麵團在其中逐漸長大的快樂。

微微 Verina

推薦序

2015 年，一個學成自 ENSP（法國國立甜點學院）的女孩，隻身從伊桑諾來到了巴黎。我們在友人家中相遇，初識即投緣。彼時的 Verina，為了尋找理想中的實習甜點店，在記事本裡排滿了密密麻麻的清單。連續數週，從早到晚，一日數家，她都反覆品嚐並逐一回訪確認，為的就是要找到最符合期待的好味道，以傾全力投入學習。這讓大家笑道，可能米其林密探都沒有她認真吧？但這個願意放棄外在光環，選擇用味道說服自己的女孩，最終也用味道說服了大家。

返台後不久，她便在嘉義創立了咕咕法式甜點咖啡。這在外人眼中看似衝動的決定，於我們而言卻是佩服，因為我們真實見證了如何以熱情實現一個夢想。猶記當時為了打造屬於她們的甜點咖啡館，她細心規劃所有細節，從不假他人之手。從甜點到菜單，從盤飾到裝潢，到處都有她的好品味。而甜點櫃裡的味道，就是她對甜點追求的完整呈現。更讓我們訝異的是，除了招牌的冷藏塔類甜點，多有創意與細緻風味之外，她連常溫品項也都努力做到完美。那些餅乾、磅蛋糕、瑪德蓮與費南雪，無不在紮實的傳統技術上，發揮出令人印象深刻的個人風格。這也就是為什麼我們希望推薦此書的原因——因為那份美味，值得被記憶與延續。

相伴四年，即便萬般不捨，咕咕還是暫時落幕了。直到多年之後，我們才慢慢理解她歸零的勇氣。或許她追逐的，始終不是光彩的成就，而是一份分享的喜悅。因此，她在日本重新學習，在新的多媒體平台上挑戰自我，

一步步成長蛻變成超越我們預期的模樣。然而不變的是，她依舊以匠人的態度在不同的世界中努力，並且持續將最好的技術，用最純樸的方式，交到每一個愛甜點的人們手中。過去是作品，現在是做法，最後都將會是最好的美味。相信一起參與在此書中的您們，最終也會在滿足的微笑中，一起體驗她最初追求手作甜點的那份甜蜜與感動。

瑪麗安東妮點心坊主理人 吳庭槐

後記

其實，在深交的過程中，我們才發現，原來這份友情的開端比我們想像的更早。我們以為在巴黎的偶遇，原來是「再次」的相逢。當初，瑪麗安東妮甫創業之時，她就曾以甜點同好的身份前來品嚐。我們之所以對她印象深刻，是因為她敏銳的味覺與對味道的記憶，實屬罕見。一個對味道有著細膩認識並有所堅持的人，必然是充滿熱情且深具天賦的。但未曾想，這樣的熱愛，最後竟推動著她展開了一條專業甜點人之路，甚至遠赴法國、日本追求夢想！這一切是那麼地勵志，但似乎又不是那麼地意外，畢竟，誰會對真心熱愛的事無動於衷呢？

推薦序

記得在法國進修學習的課餘時間，朋友們總會相約採買食材利用宿舍裡的
小冰箱、烤箱、碗和攪拌器等簡易設備，練習學校的食譜。往往最有成就
感的成品，就是那些可愛的法國傳統餅乾與小糕點，雖與法國作家馬塞爾·
普魯斯特 Marcel Proust《追憶似水年華》的記憶不同，卻同樣令人感動不
已。

與 Verina 是在法國進修時認識，一見如故，永遠記得每晚依依不捨的道別：
「回台灣見」，結果隔天一早又約了起來，一起研究巴黎點心店，對點心
組構的想法永遠聊不完，對味道的拆解更猶如解謎一般令人興奮。回台後，
她開設了『CouCou Cafe Pâtisserie 咕咕甜點咖啡』，雖然各自忙碌著，但
三不五時仍會到彼此的工作室串門子。

然而，就在三年前，充滿執行力的她決定隻身前往日本，持續對烘焙的探
索，已受過法國烘焙學校完整訓練與實習的她，再次成為一張白紙，進入嚴
格、高壓的日本甜點店工作，原以為在她忙碌的日子裡或許很難分享點滴，
沒想到在社群媒體以『Chez Verina 甜點師微微』的身份，分享在日本生活
的各種見習，更在設備有限的宿舍裡，分享充滿生活感的點心製作影片，
展現她對甜點的熱愛、對生活的態度，與真心分享甜點的精神。這本以「常
溫點心」為主軸的食譜，乘載著 Verina 的烘焙記憶與經驗，讓不論在家或
是經營咖啡廳的我們，只要有一台烤箱和簡單烘焙器具，就能輕易地實踐
生活中的甜點和甜點中的生活。

露露麗麗主理人 曾新靈

推薦序

希望你們看到這本書時，不僅把它當作一本食譜，而是能體會到一個在甜點的世界裡眼神閃閃發光的她，不藏私地分享熱愛的事物。

她是我人生中遇到最充滿勇氣和決心的人！儘管都是設計系的學生，大學時期的她就經常在租屋處烘焙，蹲在客廳打麵糊，盯著擺在椅子上的小烤箱，整個空間散發著奶油香，把我們都吸引出來跟著一起期待成果。畢業後她也毅然決然放下所學，進入甜點業界學習。

幾年後，我們分別在法國不同學校裡完成甜點學業。一起在巴黎的日子裡，每個週末探訪甜點店，坐在公園細細品味。那時我最常看著她說：「妳真的很強！可以不吃正餐，只為了省錢吃遍法國的甜點店，我現在只想吃在中國城新開的雞排店」。畢業後，她選擇充滿挑戰且高壓的米其林一星餐廳實習，每天天還沒亮就出門工作。在回台灣之前我們帶著很少的錢，環遊了歐洲一個月，旅程克難卻也不忘品嚐各國甜點，從高級的分子甜點到修道院修女做的甜點都在她的必訪清單裡。

帶著滿滿對甜點的經驗，她實現了夢想，開一間甜點咖啡店，經營了四年做到門庭若市時，卻決定停下腳步，前往日本，只為讓自己跳脫舒適圈持續精進，甚至開始嘗試拍攝影片，用另一種方式跟大家分享甜點。這一路上的所有，展現了她是一個細緻、嚴謹、充滿活力、意志堅定，不斷學習和不吝嗇分享的人。很幸運在我的人生裡有這麼一個具感染力的好朋友！

11 樓之三甜點主理人 Noopa Lin

目錄

Chapter 1 Basic

烘 焙 基 礎

Chapter 2 Biscuit

口感酥脆的小巧餅乾甜點

$\mathcal{U}$ Chapter 3 Gâteaux de Voyage

口 味 千 變 萬 化　帶 著 一 起 旅 行 的 蛋 糕

Chapter 4 Tartes

永恆的經典 酥脆療癒的甜塔系列

Chapter 5 Beloved desserts at cafes.

那些咖啡廳裡深受喜愛的甜點

附錄

Chapter 1

:·

Basic

烘 焙 基 礎

　　在進行烘焙前，還有更多應該知
道的事，像是選用適當的烘焙工具及
材料，可讓操作過程變得簡單，也有
利於成品的完成。另外，關於一些烘
焙時要注意的重點提示，以及製作甜
點時的基礎技巧知識，能讓烘焙容易
上手，進而單純享受烘焙樂趣。

Tools
使用工具

01 02 03 04 05 06 07 08

01. 手持電動攪拌機

使用時，要確實將金屬攪拌棒安插至卡榫中，攪拌速度一律由最低速開始。製作份量較少時，在攪拌麵團或進行打發時使用十分便利，也可準確調節速度，比手打更有效率。

02. 刷子

羊毛刷刷毛細膩且密度高，可將奶油均勻刷在食物上，矽膠刷有耐高溫、清洗容易的優點，建議依據用途分別使用。

03. 打蛋器

將材料混合均勻或打發鮮奶油的工具。建議選不鏽鋼線圈較密的打蛋器，確保能有效混合食材。

04. 紅外線測溫槍

可快速測量表面溫度，雖然不是非常精確但有助於參考。

05. L 形刮刀

手柄與刀鏟呈微彎曲的 L 形刮刀，常用於蛋糕抹面或將餡料填入後抹平時使用。

06. 刮刀

使用於均勻攪拌麵糊、麵團、奶油霜等，並可用於整理攪拌盆邊緣及底部，材質耐熱又不易變形，是實用且必備的工具，考量清洗方便性，建議選擇一體成形的攪拌棒。

07. 橡膠刮板

帶彈性的材質，平坦的面可用於分割麵團或抹平麵糊，圓弧的面則用於整理攪拌盆邊緣及底部，讓食材更均勻混合。

08. 單手鍋

經常於烘焙時使用，製作果醬、焦糖或煮奶油等時，建議使用有一定深度且較厚的鍋子，製作時較安全不易溢出，也能均勻傳導鍋子內部熱度，進而增加產品成功率。

09.　不沾磅蛋糕模

長方形，適用於小餐包、磅蛋糕點心製作，具有不沾黏特性，因此可省略抹油上粉的步驟，使用完以濕軟布擦拭乾淨即可。

10.　圓形、星形擠花嘴

將擠花嘴放入擠花袋中，可依喜好擠出造型，也可用於將麵糊擠入烤模中。擠花袋分為拋棄式和重複使用式，拋棄式塑膠擠花袋，通常較薄且不耐高溫，適合液體狀或軟麵團；可反覆使用的棉布擠花袋，通常較厚，適合用於偏硬麵團，需清潔、曬乾後，才能再次使用。

11.　可麗露模具

日本製不沾可麗露模具，具有方便脫模特性，即便是可麗露初學者也能簡單上手。

12.　幾何形切模

通常由金屬或塑料製成，可用來切各種擀好的麵團、翻糖，創造各種不同造型的小甜點，常見有圓形、心形、花形等造型。

13.　金屬小蛋糕模

使用前需先塗抹奶油或噴適量烤盤油，將其刷抹均勻，再填入麵糊進行烘烤，洗滌請用沾濕的軟布擦拭乾淨，勿刷洗模具以免塗層受損。

14.　矽膠墊／矽膠網墊

矽膠墊（silpat）適合各種大小的烘焙場所使用，耐熱耐冷且具防沾特性，可反覆使用，能大幅提高烘焙效率和品質。矽膠網墊（silpain）為網狀，具透氣特性。

15.　油紙

帶有光澤的牛皮紙色，具不沾黏與耐熱特性，可取代烘焙紙鋪在烤盤上進入烤箱烘烤。

16.　烘焙紙

通常為米白色，表面光滑具有很好的防沾黏及耐高溫特性，用完即丟不需清洗，十分便利又可減少清洗烤盤的困擾。

17.　分離式菊花型塔模

底部的平盤可分離，在塔殼填餡料進行烘烤時，去除底盤能夠較有效率烘烤至產品內部。

18.　深型塔模

模具深度較深，適合製作內餡較厚的塔類點心。

19. 烤箱

本書使用的是 41 公升家用旋風電烤箱,由上下兩個發熱管加熱,可調整上火與下火及開啟熱風功能,屬於常製作烘焙的家庭或小店鋪常見款式。烤箱是烘焙時最重要的工具之一,也是成就點心不同口感與味道的主要角色,需要依據份量多寡與產品特性等,搭配的烘烤時間與溫度皆不同。烘焙業常見的烤箱有層式石板烤箱(Deck Oven)及熱旋風烤箱(Convection Oven),一般大型烘焙坊的產品種類繁多,通常兩種都使用,對於規模小的店鋪或咖啡廳通常以一台容量 40 公升以上的熱旋風烤箱來製作所有產品。對初學者來說,使用旋風的熱風循環電烤箱,在製作小餅乾及蛋糕上較為方便適合。

20. 烤箱溫度計

可測量正確的烤箱溫度,及烤箱內部各位置溫差,以達到正確烘焙。

21. 電子溫度計

電子溫度計可將長長的探針插入製品中,測量內部溫度,因此較為精準。

22. 電子磅秤

烘焙是一門科學,配方中細微的差異會導致成品的味道不同,所以確實測量食材是甜點烘焙最重要的步驟,因此建議使用 0.1g 為單位的電子磅秤。

23. 電子計時器

幫助精確掌握食材烹調時間,提高工作效率,避免烘烤過度或不足的情況發生。

24. 攪拌盆

有各種尺寸及材質可選擇,可依要製作的份量來選擇適合的大小,例如:當份量偏多時請選擇較深的攪拌盆,這樣在製作上較容易使力且麵糊不易溢出。

25. 篩網

用來將粉類中結塊的部分敲散,或過濾食材中不要的雜質異物,經過過篩動作也可帶入空氣將粉類蓬鬆化,幫助之後與其他食材的混合。

26. 擀麵棍

可將麵團均勻擀開的工具,建議選擇滾面範圍為 30 公分左右(或以上)的長度,總長 36 公分以上的圓棍型,施力較容易且大小麵團皆可製作,實用性高。

27. 木製攪拌棒

使用於製作果醬、焦糖、糖果等需要高溫烹煮的產品,另外在製作泡芙麵團時,需快速均勻攪拌,木頭材質的攪拌棒會比較有支撐力。

28. 噴式烤盤油

噴灑在金屬模具上,幫助產品脫模,及幫助烘焙紙與模具間緊密貼合。

29. 網架

用於出爐後讓食物冷卻的網狀架子,可讓空氣從底部流過,促進均勻冷卻,避免食物在底部積聚水分而受潮。

30. 刨刀

用來刨削柑橘類水果取下薄皮使用,也可用來刨麵團、巧克力或香料等。

31. 短刀、牛刀、鋸齒刀

短刀可切小尺寸的食材或修整塔皮,牛刀用於處理較大的食材,或切慕斯蛋糕、起司蛋糕,使用時沾熱水後再使用;組織較鬆軟的戚風蛋糕、吐司麵包等,則使用鋸齒刀。

01

05

09

02

06

Ingredients

使用材料

03

10

07

11

04

12

08

01.　榛果粉
將榛果磨成細粉末的食材，通常用來製作榛果蛋糕等。

02.　杏仁粉
將杏仁磨成細粉末的食材，通常用來製作馬卡龍、蛋糕等。

03.　伯爵茶粉
茶粉是由茶葉研磨而成，有伯爵茶或各種不同種類的茶風味，多用來增加烘焙食物的層次感。

04.　杏桃果醬
刷在產品表面可有保濕及打亮效果。本書是將市售杏桃果醬小火煮熱後過篩使用。

05.　白巧克力／黑巧克力／牛奶巧克力
白巧克力呈乳白色，因不含可可固形物，以可可脂、糖和牛奶為主要原料，口感較甜。70% 以上可可含量的黑巧克力，帶苦甜風味，依據產地有不同風味。呈咖啡色並含牛奶成分的巧克力，口感較黑巧克力甜，帶有微微焦糖牛奶風味。

06.　黃糖 (本書使用日本的きび砂糖)
屬於未經精製的天然糖，含豐富礦物質和微量元素，呈淺棕色，口感帶有濃郁糖蜜味。

07.　中雙糖
日本的粗粒黃砂糖，常用於日式長崎蛋糕底層增加口感。

08.　細砂糖
最常見的糖，晶粒細小、色澤白淨、甜度高，適用於製作各種食品，用途廣泛。

09.　無鹽奶油
西點烘焙必備食材。想強調奶油香氣的食譜，如：餅乾、塔皮或重奶油類蛋糕，建議可使用經過發酵的無鹽奶油，經發酵處理，味道比一般無鹽奶油豐富。品質會因品牌、產地和種類而有所不同，請選擇符合自己預算且品質良好的產品。

10.　香草膏
不同口味的點心，常需要香草的香氣來為甜點增添層次，以帶有香草籽的醬取代香草豆莢加入製品，可提升產品質感。

11.　香草豆莢
香氣獨特，可為甜點增添溫暖、濃郁的風味，使用方法為剖開並取殼內的香草籽加入食材中。

12.　動物性鮮奶油
從牛奶中提取出來的高脂肪乳脂，脂肪含量越高，口感越濃郁，質地越厚重，脂肪含量較低的鮮奶油口感較清爽，質地較輕盈。開封後應儘快食用完畢，否則容易變質。

13. 麵粉

根據烘焙產品的結構和口感所需，可分為低筋、中筋和高筋三種做使用。低筋麵粉蛋白質含量較低，適用於製作鬆軟蛋糕；中筋麵粉蛋白質含量適中，適用於製作餅乾、麵包等；高筋麵粉蛋白質含量較高，適用於製作麵條等具延展性的食品。

14. 泡打粉

又稱發粉，用以膨脹和增加蛋糕鬆軟度。

15. 抹茶粉

日本綠茶研磨而成，有些品牌會針對不同用途設計產品，例如：製作適合抹茶拿鐵的抹茶粉，本書使用的是烘焙用日本抹茶粉。

16. 高脂無糖可可粉

純可可粉的一種，不含糖分，製作巧克力、布朗尼等甜點常用食材。

17. 馬鈴薯澱粉

從馬鈴薯中提取的澱粉，英文為 potato starch，通常用於烹飪和烘焙中，以增加食物的黏性和質地。

18. 耐烤巧克力豆

高溫烘焙下不易變形，常用於西點麵包及飲品的內餡或裝飾，並有不同口味可依產品做選擇。

19. 杏仁角

切碎的杏仁粒，有著脆脆的口感和淡淡甜味，通常用來裝飾蛋糕或加入餡料中增添口感。

20. 鹽

一般食用鹽，用來平衡甜點的甜味。本書中有使用到海鹽，其鹹度低於一般食用鹽，且味道純淨，多在希望產品可品嚐出淡淡鹹味時使用，也常用於撒在點心表面增添風味。

21. 綠檸檬、黃檸檬

綠檸檬味道鮮明，帶有嗆鼻的香氣，黃檸檬香氣較為柔和，較常用於甜點烘焙。

22. 上白糖

精製白糖的一種，色澤潔白，味道清甜，比普通白糖更易溶於液體中，因含有轉化糖，保濕效果佳，拿來做蛋糕會比較濕潤，烘焙時也較易上色。

23. 糖粉

研磨過的白砂糖，用來製作糖霜餅乾類甜點。一般市售糖粉通常摻有玉米粉。若註明純糖粉，則為 100% 砂糖研磨而成。

24. 龍眼蜂蜜

一種天然甜味劑，源自龍眼樹的花蜜，呈淺黃色，口感清香甜美，非常適合用於常溫蛋糕。

25.　牛奶
市面上有各種牛奶，一般甜點烘焙食譜中
（含本書）使用的牛奶為全脂牛奶，可以
讓成品更具濃郁風味。

26.　雞蛋（全蛋 / 蛋黃 / 蛋白）
蛋液在烘焙上具有多重角色，可幫助成品
保持形狀並增加香味與色澤，也具有黏著
劑效果，成為產品的結構支撐。

Key point
烘焙前的重點提醒

- 常溫也稱室溫，一般定義為攝氏 25 ～ 26 度。
- 本書食譜為攝氏溫度。
- 奶油採用常溫軟化的無鹽奶油，可在前一晚移至室溫，使之自然軟化以備用。如果製作前來不及軟化，使用微波爐功能時，注意一次控制在 10 秒以下，避免融化。
- 低筋麵粉、杏仁粉、糖粉等皆需過篩。
- 牛奶、鮮奶油、雞蛋等冷藏保存食材，要恢復至常溫才做使用。
- 確認烤箱實際溫度。每台烤箱溫度都不一樣，為了讓產品在正確溫度下烘烤並成功出爐，建議使用烤箱溫度計，以更好掌握烤箱溫度。

· 烤箱需提前 20 分鐘以上開啟，進行預熱至烘烤溫度才使用。

· 模型需預先塗抹奶油或是刷上烤盤油，磅蛋糕的長條模具則以鋪上烤盤紙為
主。

· 食譜中的全蛋、蛋黃、蛋白等，不管哪一種，都要充分混拌後，才做測量重量
與加入使用。

· 書中的 1pinch 指的是用兩隻手指的指尖處抓起的量，更準確地說，是介於
1/16 ～ 1/8 茶匙（tsp）之間的量。

Basic
製作甜點的基礎

法式杏仁甜塔皮
French Sweet Shortcrust

製作夾心餅乾、水果塔和甜餡餅常用餅皮。具有結實酥脆質地，可在烘烤後保持堅實不易變形。

材料・Ingredients

冰冷的無鹽奶油 67g

中筋麵粉 100g

糖粉 47g

鹽 0.4g

杏仁粉 21g

全蛋 13g

作法・Methods

▪ 麵團 dough

01 奶油切成小塊狀並放入有深度的碗盆中。

Point・切好後再次放入冷藏備用，以免奶油軟化。

02 將過篩的杏仁粉、糖粉、麵粉、鹽，用打蛋器在盆中混合均勻。

03 粉類倒入奶油盆中，用手抓的方式讓粉類包裹住奶油，並利用手指搓捏，將其混勻成粉沙狀。

04 倒入蛋液，用手指旋轉將蛋液混入其中，直至看不到粉末及蛋液即可。

05 將質地粗糙的麵團倒在桌上，用手掌尾端接近手腕的位置，從最靠近自己的位置，左右交叉順序施力，將麵團往前推展開。

06 用刮板將麵團收回集中。

07 依產品需求，將麵團整形成方形或圓形，包上保鮮膜，放入冰箱冷藏 6 小時以上或隔夜，進行鬆弛。

Point・圓塔用可整成圓形，壓模餅乾用，整成方形即可。

▪ 鋪模 Rolling out

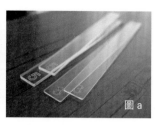

圖 a

取出麵團，放在兩張烤盤紙中間，用擀麵棍輕壓麵團，幫助擀開麵團。

Point・在這個步驟若麵團還太硬，可把麵團放進微波爐 500W 加熱 6 ～ 10 秒進行軟化。但要小心加熱過度將奶油融化。

以麵團中心為出發點，將麵團往自己的方向擀進來，擀完一個角落就將麵團轉 30 度，邊擀開邊維持同一方向轉動的方式，幫助麵團擀成均勻的圓形，直到達到正確厚度（法式塔皮的標準厚度為 3mm）。

Point・可使用長棒（如圖 a）放在左右兩側，輔助厚度的確實。

擀開的塔皮需大於塔框的圓周約 3cm。

塔圈放在一張和塔模大小剛好的紙上。

Point・使用分離式塔模但不使用底盤，底部鏤空可更快烤熟。

整片塔皮放在塔框上，從中間開始填入，並將塔皮豎起，避免塔框邊緣割破塔皮。

Point・此時塔皮能彎曲但帶有硬度，若非此狀態需再次放進冷藏冷卻。

以彎折的手法輕輕將塔皮壓入底部轉折處，讓塔皮與塔框邊角確實貼合。

接著輕輕將側邊的塔皮推壓至側邊，貼合圓周後，塔皮向外攤開。

鋪上一張烘焙紙，滾動擀麵棍，切下多餘的塔皮。

取下多餘塔皮。

Point · 剩餘邊角麵團可整合成團，再次擀平後做使用，但最多重複三次。

用叉子在底部均勻戳出孔洞，然後放進冷凍備用。

Point · 塔皮冷凍定型後從紙上拿下，移至矽膠網墊上進行烘烤。

本書示範為傳統法式手工塔皮作法，適合少量製作，若製作份量較多，建議使用食物調理機製作，避免奶油在混合過程中融化而影響成品。

榛果奶油
Brown Butter

法語是 Beurre Noisette，意思是「榛果色的奶油」，是透過加熱讓奶油中的水分蒸發，乳脂固形物焦化後，散發出堅果香氣，也稱「焦化奶油」，並非單純的融化奶油。

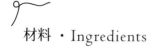

材料・Ingredients

無鹽奶油 205g

Point・若將食譜中的融化奶油換成榛果奶油，可改變產品香氣，份量爲融化奶油的 1.25～1.3 倍。

作法 · Methods

01 將奶油切丁並放入小鍋中以中小火加熱。

Point · 建議使用淺色底鍋子，較能看清楚奶油顏色。

奶油開始融化，接著產生大泡泡的沸騰狀態，持續攪拌奶油以免底部燒焦。

當表面開始產生大量白色泡沫時，要隨時注意熱度，以免泡沫漲高溢出。

Point · 鍋子邊緣產生褐色渣渣也就是固形物，是榛果奶油的風味主要來源。

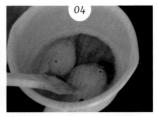

可撥開表面泡沫，確認奶油轉為棕色，並散發出堅果香味即可離火。

過濾倒入耐熱容器中，會得到約 165g 的榛果奶油。

06 完成的榛果奶油待涼後備用，或密封並放入冷藏保存，需要時再融化使用。

法式焦糖海鹽醬
Salted Caramel Sauce

帶有苦甜香氣和乳脂的柔滑口感及
微妙鹹味,此款配方的質地較濕軟
具流動性,適合擠出做甜點的夾心
內餡或是當盤飾甜點的醬汁使用。

材料 · Ingredients

細砂糖 70g

動物性鮮奶油 100g

無鹽奶油 15g

海鹽 1.3g

作法 · Methods

(01) 鮮奶油微波加熱至 70 度左右。

02

03

04

將砂糖倒入鍋中,以中小火加熱,過程中不要攪拌,而是搖晃鍋子將糖完全融化成琥珀色。

Point · 焦糖醬的苦味來自於一開始糖液的烹煮程度,若想完全沒有苦味,在糖溶解並變成金黃色時,即可進行下一個步驟。

當鍋中的糖液轉為琥珀色立即關火,並將溫熱的鮮奶油分次加入,一邊攪拌至完全混合。

Point · 若在糖液裡加入冰涼的鮮奶油,會膨脹亂噴,因此加入動物性鮮奶油時,應讓鮮奶油為溫熱狀態。

再次開小火煮約 10 秒至質地濃稠。

05

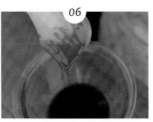
06

加入奶油與海鹽,攪拌均勻。

焦糖醬變得光滑且顏色均勻。

(07) 稍微冷卻後,就可以倒入容器中,密封冷藏保存約 14 天。

覆盆莓果醬
Raspberry Jam

不只吃得到果實顆粒,更能忠實呈現莓果的酸甜風味,是一款不易出錯,適用於各種甜點的萬用果醬。

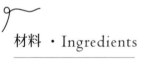

材料 · Ingredients

冷凍覆盆莓　120g

細砂糖　80g

作法 · Methods

 01  02  03

材料加入小鍋混勻,開中小火並持續攪拌,將其煮滾。

Point · 至少滾煮 1 分鐘,注意勿煮過頭,避免果醬質地太硬。

用刮刀可刮出一條清晰的線,並清楚看到鍋底,即完成。

或取出一點果醬置於桌面,靜置約 30 秒後,沒有攤平並帶點彈性不黏手即完成。

Point · 若想要平滑質感,可使用均質機攪打幾下即可。

香草莢取籽
Scrape a Vanilla Bean

香草籽是在香草莢內部的黑色種子，
也是最重要的香氣及風味來源。

材料・Ingredients

新鮮香草莢

作法 · Methods

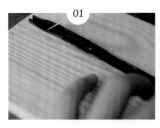

挑選扁平的那面，從頂端　　用刀背由上往下刮出香草
的中心由上往下切開後，　　莢內壁上的黑色種子，重
打開香草莢。　　　　　　　複幾次至完全乾淨。

香草莢的挑選

· 如何挑選新鮮的香草莢？

新鮮香草莢外表光滑並帶有油脂光澤，沒有變色、破損或乾裂的痕跡。
香草莢有不同品種，本書使用的是馬達加斯加香草莢，香味濃厚，適合
用來製作餅乾、蛋糕等烤箱點心。請依據成品想要呈現的風格挑選適合
品種。

· 香草莢的保存方式

開封後的香草豆莢以平鋪不重疊的方式，放入保鮮夾鏈袋並擠出空氣，
再放進保鮮盒冷凍保存，使用前取出需要的量並用紙巾包裹，退冰即可
使用。或是放入真空袋，並抽取空氣成真空狀態後常溫保存。

30°波美糖漿
30° Baumé Syrup

法語是 Sirop à 30°，一般是刷在蛋
糕胚上，幫助蛋糕保持濕潤，以達
到更好的口感。也可以和酒混合，
成為糖酒液做使用。

材料 · Ingredients

細砂糖 130g

飲用水 100g

作法 · Methods
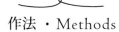

01 將材料加入鍋中，煮沸即可。

Point · 成品放入密封容器中可冷藏保存 1 個月。

麵糊擠花方法
Piping Techniques

甜點烘焙中的擠花不只可使用在打
發鮮奶油裝飾，也可以利用在餅乾
上，這邊介紹幾款可活用在奶油霜
餅乾或蛋白霜餅乾等實用的造型。

▪ 擠花袋使用方法：

將擠花嘴放進擠花袋後，把擠花袋塞進擠花嘴裡堵住出口的通道，避免在填入時麵糊流出。

用手的虎口做一個支撐，將擠花袋向外翻開，開始填入麵糊，建議放入的份量佔擠花袋的一半以下，不要一次放入太多。

麵糊填入完畢後，用刮板將擠花袋裡的麵糊往花嘴方向推，這樣可讓袋內的麵糊平整，並幫助去除多餘空氣。

擠花袋扭緊，用慣用手的虎口托住擠花袋，另一隻手的食指及大拇指撐著花嘴，以這個姿勢用慣用手施力往下擠出。

Point·擠花袋必須保持拉緊，內無空氣的狀態來擠出。

▪ 使用花嘴為直徑 7mm，6 齒星形花嘴

▪ 玫瑰形狀
擠花嘴距離烤盤上方約
0.5cm 處，維持高度不變，
一邊繞小圈一邊擠出（依
產品需求，也可以繞擠 2～
3 圈），最後收尾時需重
疊在開始的上方，整體形
成一個圓即可。

▪ 小星形狀
擠花嘴距離烤盤上方約
0.5cm 處擠出，直至需要
的大小後停止擠出施力，
接著輕輕往上拉起讓麵糊
自然切斷。

▪ 波浪裙襬形狀
擠花袋垂直烤盤，從距離
烤盤上方約 0.5cm 處開始
擠出一個星形，擠到需要
的大小後不切斷麵糊，垂
直上提，再擠出一顆星形
後，停止施力並上提即可
切斷。

▪ 貝殼形狀

擠花袋傾斜 45 度，從距離烤盤上方約 0.5cm 處開始擠出，一邊擠一邊微微提高 0.5cm，再往自己的方向拉過來，並將擠花嘴下壓切斷麵糊。

▪ 愛心形狀

擠花袋傾斜 45 度，朝自己的 10 點鐘與 2 點鐘方各擠出一顆貝殼形狀，使麵糊斷面的位置相連即可。

▪ 長條形狀

擠花袋傾斜 45 度，從距離烤盤上方約 0.5cm 處開始擠出，擠到需要的長度後停止施力，即可切斷麵糊。

▪ 波浪形狀

擠花嘴距離烤盤上方約 0.5cm 處，維持高度不變但左右來回一邊擠出呈現波紋狀，最後收尾時輕輕向左或向右撇即可切斷麵糊。

▪ 馬蹄形狀

擠花嘴距離烤盤上方約 0.5cm 處，維持高度不變擠出一個 U 字型，最後收尾時稍微傾斜向右撇，即可切斷麵糊。

Chapter 2

Biscuit

口感酥脆的小巧餅乾甜點

　　通常是硬脆的固形外表，從口味到形狀、厚度各有不同種類，有些口感脆硬，有些則是酥鬆；也有些會有豐富奶油或堅果香氣，有些則以巧克力、水果等食材調味。可利用各種工具或不同做法來創造多變造型，這樣的小型甜點統稱為餅乾。

　　做餅乾的祕訣，最重要的是奶油。不管是入口時的酥脆度或蓬鬆化開的口感，奶油的狀態是關鍵。我們需要的常溫軟化奶油狀態是用手指可按出凹陷，或刮刀可以插入為基準。

法式沙布列果醬餅乾
Raspberry Sablé Cookies

原文是 Lunettes Framboise，而 Lunettes 是法語眼鏡的意思，通常是由兩塊酥脆的奶油餅乾夾上果醬，並在表面灑上糖粉。傳統造型會在其中一片餅乾中間切兩個小洞，露出夾在中心晶瑩剔透的果醬，看起來就像一副眼鏡，造型相當可愛。

食譜份量	沙布列果醬餅乾約 10 組
使用模具	直徑 5cm 菊花切模／直徑 1.8cm 菊花切模
保存方式	放入密封容器中並放入乾燥劑保存（此款餅乾有沾上果醬較易受潮）
賞味期限	常溫密封狀態下 7 天

材料・Ingredients

〔餅乾麵團〕
無鹽奶油 60g
低筋麵粉 100g
糖粉 40g
鹽 1 pinch
杏仁粉 8g
全蛋 20g

〔覆盆莓果醬〕
覆盆莓 100g
細砂糖 65g
（參考 P34
覆盆莓果醬作法）

〔裝飾〕
防潮糖粉

作法 · Methods

01 參考 p.26 法式杏仁甜塔皮，步驟 01 至步驟 07 的麵團作法。

02 取出麵團放在兩張烤盤紙中間，用擀麵棍輕壓麵團，擀開麵團。

03

將麵團擀開至 3mm 厚。

Point · 桿開方式參考 P28 。

04 擀好的餅乾麵團放在平盤上，放入冷凍直到堅挺狀態。

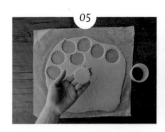

05

06

從冷凍取出，用直徑 5cm 的菊花模壓出 20 片餅乾麵團。

其中 10 片餅乾麵團的中心用直徑 1.8cm 的菊花模壓下，使之成為中空狀態，並交錯擺在鋪好矽膠網墊的烤盤上。

烘烤 · Bake

07 放入預熱至 150 度的烤箱，烘烤 17 分鐘。

08 待表面稍微呈現金黃色，剝開一片，確認餅乾中心有受熱烤熟後，即可出爐移至冷卻架上。

在有洞的餅乾片表面撒上防潮糖粉。

取出冰涼的覆盆莓果醬，擠出適量在餅乾中心。

將撒上糖粉的餅乾片蓋上，放入保鮮盒，或個別放入餅乾袋中密封保存。

肉桂薄餅乾
Cinnamon Cookies

香氣獨特而濃郁的肉桂與奶油餅乾結合，
除了香甜還多了一份溫暖的口感。這款肉桂
餅乾可單獨品嚐，搭配茶或咖啡食用，則能
豐富口感層次與變化。

食譜份量	肉桂薄餅乾約 30 片
使用模具	直徑 5cm 菊花切模 / 竹籤一支
保存方式	放入密封容器中並放入乾燥劑保存
賞味期限	常溫密封狀態下 30 天

材料 · Ingredients

A/
中筋麵粉 100g
泡打粉 1.5g
肉桂粉 0.6g

無鹽奶油 50g
黃糖 52g
海鹽 0.5g
黃檸檬皮屑 1/4 顆
全蛋 12g
牛奶 4g

作法 · Methods

01 材料 A 放入碗中，用刮刀混合均勻備用。

02 室溫無鹽奶油切成小塊，放入有深度的碗盆中。

加入糖、海鹽和黃檸檬皮屑，用刮刀以按壓方式將材料拌合均勻。

Point·避免攪入空氣。

加入牛奶和全蛋，繼續輕輕地拌合至看不到粉末及蛋液。

加入過篩的材料 A，用刮刀輕輕切拌至看不到粉末，當麵團整合成團，即完成混拌。

Point·採用切開麵團的攪拌方式進行混合，可避免攪入過多空氣。

麵團整形成方形，用保鮮膜包好，放入冷藏靜置隔夜。

Point·冷藏靜置可讓麵團更穩定，幫助成品外觀更工整。

07 取出麵團，將麵團放在兩張烤盤紙中間，均勻地擀開約 3mm 厚，連同烤盤紙一起放入冷凍，直到硬挺定型。

Point·可使用兩支 3mm 厚度的長棒放在左右兩邊輔助，較為準確。

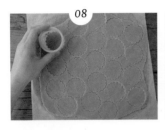

取出麵團，用菊花模具壓下。

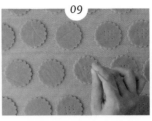

每個麵團保持適當距離，排放在墊有矽膠網墊的烤盤上，接著用竹籤在餅乾表面戳 9 個小洞。

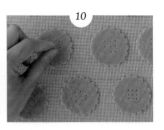

在麵團表面灑上適量細砂糖。

烘烤 · Bake

11　放入預熱至 150 度的烤箱，烘烤 20 分鐘。

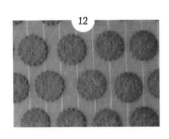

待表面呈現霧面的棕色，剝開一片，確認餅乾中心有烤熟後，即可出爐，並移至冷卻架上。

13　確實冷卻後密封保存。

微笑抹茶薄餅
Matcha Cookies

一口咬下能聽到清脆的聲響，撲鼻而來的抹茶香，不只美味，可愛的造型也讓人感到心情愉悅，是一款很適合變換各種口味，做為伴手禮的餅乾。

食譜份量	微笑抹茶薄餅約 26 片
使用模具	直徑 5cm 菊花切模 / 中型湯匙 / 筷子一支
保存方式	放入密封容器中並放入乾燥劑保存
賞味期限	常溫密封狀態下 21 天

材料 · Ingredients

無鹽奶油 50g
糖粉 60g
杏仁粉 15g
中筋麵粉 80g

抹茶粉 6.5g
蛋白 15g

作法 · Methods

01　室溫無鹽奶油切成小塊，放入有深度的碗盆中，用刮刀攪拌至柔順狀態。

02

加入過篩的糖粉，用刮刀
混合均勻。

03

加入過篩的杏仁粉，攪拌均勻。

04

加入過篩的中筋麵粉、抹
茶粉，用刮刀輕輕切拌至
看不到粉末為止。

Point · 避免攪入空氣為主。

05

加入蛋白並用切拌按壓方
式，將其攪拌整合成團。

06

麵團整形成方形，用保鮮
膜包好，放入冷藏靜置 3
小時。

Point · 冷藏靜置可讓麵團更
穩定，幫助成品外觀更工整。

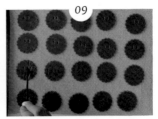

取出麵團,將麵團放在兩張烤盤紙中間,均勻地擀開約 3mm 厚,連同烤盤紙一起放入冷凍,直到硬挺定型。

Point·可使用兩支 3mm 厚度的長棒放在左右兩邊輔助,較爲準確。

取出麵團後,用菊花模具壓下。

每個麵團保持適當距離,排放在墊有矽膠網墊的烤盤上,接著用筷子在餅乾表面接近中心的地方戳兩個洞。

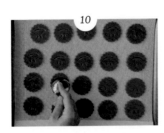

接著將整盤餅乾掉頭旋轉 360 度,用中型湯匙的前端在靠近中心的地方壓一下,留下一個弧形,形成微笑的嘴型。

烘烤 · Bake

11 放入預熱至 150 度的烤箱,烘烤 8 分鐘。

12 待餅乾邊緣稍微上色,剝開一片,確認餅乾中心有受熱烤熟後,即可出爐,並移至冷卻架上確實冷卻。

13 確實冷卻後密封保存。

飛鳥焦糖酥餅
Caramel Cookies

在沙布列餅乾麵團中拌入焦糖醬，奶油與焦糖的香氣合而為一，為經典口味帶入畫龍點睛效果。

食譜份量	飛鳥形狀餅乾約 22 片
使用模具	4.5×5cm 小鳥切模
保存方式	放入密封容器中並放入乾燥劑保存
賞味期限	常溫密封狀態下 14 天

材料 · Ingredients

無鹽奶油 60g
低筋麵粉 100g
黃糖 30g
鹽 1 pinch
杏仁粉 20g
全蛋 10g

法式焦糖海鹽醬 15g
（參考 P32 法式焦糖海鹽醬作法）

市售杏桃果醬 50g

作法 · Methods

01

參考 p.26 法式杏仁甜塔皮，步驟 01 至步驟 07 的麵團作法。

Point·焦糖醬在步驟 04 的蛋液之後再加入，混合後照著步驟進行整形成團即可。

02 取出麵團放在兩張烤盤紙中間，用擀麵棍輕壓麵團，擀開至 5mm 厚。

Point·擀開方式參考 P28。

03 擀好的麵團放在平盤上，並放入冷凍直到堅挺狀態。

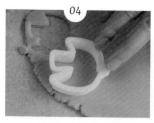
04

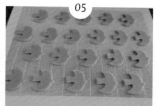
05

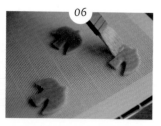
06

從冷凍取出，用小鳥模具壓下麵團。

每個麵團保持適當距離，擺在鋪好矽膠網墊的烤盤上。

杏桃果醬加熱至可流動狀態後，刷在麵團表面。

烘烤 ・Bake

07 放入預熱至 150 度的烤箱，烘烤 20 分鐘。

08

09

完成後移至冷卻架上確實
冷卻，並密封保存。

待表面呈光亮的咖啡色，
剝開一片，確認餅乾中心
有烤熟後，即可出爐。

檸檬糖霜餅乾
Glazed Lemon Cookies

在酥脆的沙布列餅乾上，披覆清新香甜的檸檬糖霜，不只餅乾口感層次升級，晶瑩剔透的優雅外觀，任誰看了都會愛上。

食譜份量	檸檬形狀餅乾約 12 片
使用模具	4.5×6.8cm 檸檬切模 / 直徑 1.8cm 菊花壓模
保存方式	放入密封容器中並放入乾燥劑保存
賞味期限	常溫密封狀態下 14 天

材料 · Ingredients

無鹽奶油 60g
低筋麵粉 90g
糖粉 40g
鹽 1 pinch
杏仁粉 20g
全蛋 12g

〔檸檬糖霜〕
新鮮檸檬汁 9g
糖粉 40g

作法 · Methods

01　參考 p.26 法式杏仁甜塔皮，步驟 01 至步驟 07 的麵團作法。

02　取出麵團放在兩張烤盤紙中間，用擀麵棍輕壓麵團，擀開麵團。

將麵團擀開至 5mm 厚。

Point · 桿開方式參考 P28。

04　擀好的麵團放在平盤上，放入冷凍直到堅挺狀態。

從冷凍取出，用檸檬模具壓下麵團，剩餘的空間可用小菊花模具壓下，放至冷凍保存另行烘烤。

每個麵團保持適當距離，擺在鋪好矽膠網墊的烤盤上。

烘烤 ・ Bake

07 放入預熱至 150 度的烤箱，烘烤約 25 分鐘。

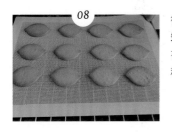
08

待表面稍微呈現金黃色，
剝開一片，確認餅乾中心
有烤熟後，即可出爐，並
移至冷卻架上確實冷卻。

糖霜 Glaze

09 糖粉過篩後，倒入檸檬汁並攪拌均勻。

Point・攪拌次數越多糖霜越稀，流動性也變高。

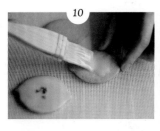
10

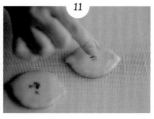
11

12

靜置至表面乾燥後密封保
存。

用毛刷在餅乾表面塗上檸
檬糖霜。

在餅乾中心撒上適量開心
果碎粒。

Point・檸檬糖霜太稀，糖霜
會從餅乾滴落，太硬則會導
致糖霜過厚。

起司胡椒布列塔尼
Salted Shortbread Cookies

傳統布列塔尼酥餅，外型大而扁圓，使用高比例雞蛋和奶油，是口感濕潤的重奶油餅乾，因此要在模具裡烘烤，餅乾形狀才會完美。本書介紹的是可用餅乾壓模製作，不加糖並帶有濃郁胡椒起司的鹹香口味。具有一口酥的酥鬆口感，非常適合作為下午茶小點，搭配飲品享用。

食譜份量	直徑 3cm 高 1cm 的餅乾約 35 個
使用模具	直徑 3cm 菊花切模 / 三叉小叉子
保存方式	放入密封容器中並放入乾燥劑保存
賞味期限	常溫密封狀態下 14 天

材料 · Ingredients

無鹽奶油 60g

黑胡椒 1g

鹽 2g

帕瑪森起司粉 35g
（可用整塊起司刨絲，
分量為 20g）

低筋麵粉 120g

蛋黃 30g

蛋黃 40g
（表面上色用）

作法 · Methods

01 室溫無鹽奶油切成小塊放入有深度的碗盆中，並用刮刀將其拌至滑順質地。

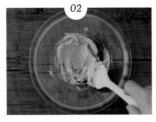

加入黑胡椒、鹽和起司粉，用刮刀以按壓方式將材料拌合均勻。

加入蛋黃，繼續輕輕地拌合至看不到粉末及蛋液。

加入過篩的低筋麵粉，用刮刀輕輕切拌至看不到粉末，整合成團即可。

Point· 以切開麵團的攪拌方式進行混合，避免攪入過多空氣。

麵團倒在桌上，用手掌尾端接近手腕的位置，從最靠近自己的位置開始，左右交叉順序施力，將麵團往前推展開。

麵團收回集中，把麵團整形放在兩張烤盤紙中間，均勻擀開麵團約 1cm 厚。

07 擀好的麵團連同烤盤紙一起放入冷藏靜置 3 小時。

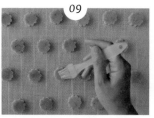

取出麵團，用模具按壓，每個麵團保持適當距離，排放在墊有矽膠網墊的烤盤上。

Point· 剩餘邊角麵團可再次整合成團，擀平後切下烘烤，最多重複三次。

蛋黃過篩均勻質地，然後輕輕刷在麵團表面。

Point· 每次沾一點點慢慢刷上表面，刷太多會沾濕麵團影響成品外觀。

用叉子，力道保持均勻在餅乾表面畫出波浪紋路。

Point· 畫完叉子會刮下些微麵團，所以每次畫完都要擦掉叉子上殘留的麵團，再繼續下一次的刻畫。

烘烤 · Bake

11 放入預熱至 160 度的烤箱，烘烤 22 分鐘。

12 表面呈現金黃色，剝開一片確認餅乾中心有烤熟後，即可出爐。

13 出爐後移至冷卻架上，確實冷卻後密封保存。

維也納香草酥餅
Viennese Vanilla Shortbread

經典小西餅，因奶油成份高，讓這款餅乾香氣濃郁，食用時建議出爐後多放幾天，口感會更香濃且入口即化。比起常見配方，本書不添加雞蛋，因此可延長保存期限。

食譜份量	直徑 4cm 玫瑰形餅乾約 24 片
使用模具	直徑 7mm 的 6 齒星形花嘴
保存方式	放入密封容器中
賞味期限	常溫密封狀態下 21 天

材料 · Ingredients

A/
糖粉 38g
玉米粉 28g
海鹽 0.4g

香草膏 5g
無鹽奶油 82g
低筋麵粉 74g

作法 · Methods

01 材料 A 過篩放進容器，混合均勻備用。

02 室溫無鹽奶油切成小塊，放入有深度的碗盆中，用打蛋器將其打至發白。

03

04

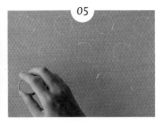
05

加入材料 A 和香草膏攪拌均勻，攪拌至乳白色的蓬鬆狀。

加入過篩的低筋麵粉，用刮刀輕輕攪拌至看不見粉即可。

Point·不要求極致均勻，此步驟重點在不要攪拌過度。

直徑 4cm 的圓形模具沾高筋麵粉，保持至少 3cm 間隔距離，在矽膠網墊上做記號。

06

麵糊放入裝有星形花嘴的擠花袋，在步驟 5 做的記號處，擠出玫瑰形狀。

Point·小心手溫將打發好的奶油霜麵糊融化，必要時可戴手套做擠出，隔絕手溫。

烘烤 · Bake

07 放入預熱至 160 度的烤箱，烘烤 14 分鐘。

每個餅乾外緣上色後，即
可出爐。

09 出爐後把整片矽膠網墊連同餅乾提起，移至冷卻
架上，餅乾要冷卻後才能取下，避免因餅乾裡的
水氣尚未蒸發完全導致破裂，確實冷卻後並密封
保存，常溫靜置約 2 ～ 3 天為最佳食用期。

維也納可可酥餅

Viennese Chocolate Shortbread

藉由可可粉,來為這款經典小西餅,變化出不同口味,而用來做為裝飾的巧克力豆,則讓口感多了層次變化。

食譜份量	直徑 4cm 玫瑰形餅乾約 22 片
使用模具	直徑 7mm 的 6 齒星形花嘴
保存方式	放入密封容器中並放入乾燥劑保存
賞味期限	常溫密封狀態下 21 天

材料 · Ingredients

A/
糖粉 42g
玉米粉 26g
海鹽 0.6g
高脂無糖可可粉 6.4g

無鹽奶油 82g
香草膏 0.7g
低筋麵粉 77g
耐烤水滴巧克力豆 77g

作法 · Methods

01　作法與維也納香草酥餅相同。

02　在擠出成型的麵糊上,灑上適量水滴巧克力豆,再送進烤箱即可。

維也納伯爵茶酥餅
Viennese Earl Grey Shortbread

伯爵茶粉加入麵團，為成品外觀帶來淡雅色澤，入口除了酥脆口感，還能嚐到淡淡茶香。

食譜份量	直徑 4cm 玫瑰形餅乾約 24 片
使用模具	直徑 7mm 的 6 齒星形花嘴
保存方式	放入密封容器中並放入乾燥劑保存
賞味期限	常溫密封狀態下 21 天

材料 · Ingredients

A/
糖粉 36g
玉米粉 28g
海鹽 0.6g

伯爵茶粉 6.4g
香草膏 1g
無鹽奶油 82g
低筋麵粉 78g

作法 · Methods

01 作法與維也納香草酥餅相同。

Point · 伯爵茶粉不需要也不易過篩，因此在材料 A 過篩完成後加入混勻。

榛果巧克力餅乾
Chocolate Hazelnut Shortbread

榛果與牛奶巧克力的結合，是不分年齡、性別的人氣組合。在榛果花圈中心填入牛奶巧克力，一口咬下，先是榛果的濃郁香氣，接著巧克力醬在嘴裡化開，富含層次的美妙滋味，讓人忍不住上癮。

食譜份量	直徑 6.5cm 餅乾約 12 片
使用模具	直徑 7mm 的 6 齒星形花嘴
保存方式	放入密封容器中並放入乾燥劑保存
賞味期限	常溫密封狀態下 14 天

材料 · Ingredients

無鹽奶油 60g
糖粉 30g
香草莢 1/2 pc
海鹽 0.8g
低筋麵粉 84g
榛果粉 24g
蛋白 10g

牛奶巧克力 100g

作法 · Methods

01 室溫無鹽奶油切成小塊，放入有深度的碗盆中，用刮刀將其拌至滑順質地。

倒入香草籽與過篩的糖粉、海鹽，攪拌均勻後，加入打散的蛋白攪拌均勻。

Point · 香草籽刮下後，先在碗盆邊壓一下將香草籽散開，較易均勻拌入麵團。

加入榛果粉，用切拌的方式攪拌均勻。

加入過篩低筋麵粉，輕輕攪拌至看不見粉即可。

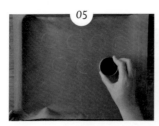

直徑 5cm 的圓形模具沾高筋麵粉，保持至少 3cm 間隔距離，在油紙上做記號。

麵糊放入裝有星形花嘴的擠花袋，沿著圓形擠出 8～9 顆小星星，使之成為一個花圈。

Point · 此麵糊烘烤後會稍稍膨脹，為了保留明顯的花圈紋路，擠出的每顆星形麵糊間有一角碰到即可，不需完全緊黏著。

烘烤 · Bake

(07) 放入預熱至 170 度的烤箱，烘烤 14 分鐘。

08

每一個餅乾外緣上色後，
即可出爐。

(09) 完成後移至冷卻架上確實冷卻。

10

11

準備一鍋熱水，將牛奶巧克
力隔水加熱融化約 2/3 的
份量，剩下未融的 1/3 部
分，則使用餘溫配合輕輕攪
拌即可融化。

Point · 若將其加熱至完全融
化，巧克力的溫度會太高，
後面填餡後等待凝固的時間
就會拉長。

取適量融化牛奶巧克力，
填進榛果餅乾中空處，接
著放入冷藏，靜置至巧克
力完全凝固即可。

草莓蛋白酥餅
Strawberry Meringue

餅乾質地酥脆，入口綿密、軟糯，可藉由加入不同食材創造更多口味，或利用擠花方式創造出不同造型，是一款看起來輕盈且極為吸睛的甜點。

食譜份量	直徑 4cm 玫瑰形約 40 片 / 直徑 2.5cm 貝殼形約 80 顆
使用模具	直徑 7mm 的 6 齒星形花嘴
保存方式	放入密封容器中並放入乾燥劑保存
	（此款餅乾容易受潮，需使用較多乾燥劑）
賞味期限	常溫密封狀態下 30 天

材料 · Ingredients

草莓粉 13g

杏仁粉 20g

蛋白 70g

細砂糖（A） 10g

上白糖 40g

細砂糖（B） 30g

檸檬汁 3g

作法・Methods

01

草莓粉與杏仁粉過篩，放入碗中混合均勻備用。

Point・若無先拌勻就加入蛋白霜中，容易造成水果粉結塊。

02

蛋白、細砂糖（A）、上白糖倒入有深度的碗盆中，電動攪拌器調中速，將其打發至尾端微彎。

03

倒入細砂糖（B），用高速打至尾端尖挺的乾性發泡。

Point・碗盆整個倒過來，蛋白霜不會滑落的狀態。

04

將混勻的草莓粉與杏仁粉倒入蛋白霜中，用刮刀確實攪拌均勻，直至看不見粉末。

Point・粉類在倒入前再過篩一次，可避免結粒。

05

加入檸檬汁，輕輕攪拌幾下，讓蛋白霜呈現光亮狀態即可。

Point・此步驟結束後，盡快擠出成形避免消泡。

06

完成的蛋白霜放入裝有星形花嘴的擠花袋，並在矽膠墊上（或矽膠網墊），擠出直徑 4cm 的玫瑰形狀，每個間距保持約 1.5cm 左右。

烘烤 ・ Bake

07 放入預熱至 90 度的烤箱，烘烤 4 小時。

Point · 請依烤箱特性不同，視情況調整烘焙時間。

08 待表面上色，呈現淡淡的霧粉色，剝開一片，確認餅乾底部及表面完全乾燥，且中心有烤熟後，即可出爐。

09 出爐後把整片矽膠網墊連同餅乾提起，移至冷卻架上，待餅乾降溫後，盡快密封保存避免受潮。

Point · 不用等到餅乾完全冷卻，摸起來還溫溫的狀態，就可以趕快收進密封盒，否則很快就會受潮。

抹茶蛋白酥餅
Matcha Meringue

抹茶的香氣讓蛋白酥餅嚐起來多了一股乾淨的清香，酥脆口感同時又巧妙地多了點大人味。

食譜份量	直徑 2cm 星形約 100 顆
使用模具	直徑 7mm 的 6 齒星形花嘴
保存方式	放入密封容器中並放入乾燥劑保存 （此款餅乾容易受潮，需使用較多的乾燥劑）
賞味期限	常溫密封狀態下 30 天

材料 · Ingredients

抹茶粉 7g
杏仁粉 42g
玉米粉 42g

蛋白 70g
檸檬汁 3g
細砂糖 51g
糖粉　33g

作法 · Methods

將抹茶粉、杏仁粉與玉米粉過篩,放入碗中混合均勻備用。

檸檬汁加入蛋白中,使用電動攪拌器低速打至起粗泡。

加入細砂糖,使用中速將其打發至尾端微彎。

糖粉分兩次加入,繼續使用中速將其攪拌均勻。

Point · 開啓電動攪拌器前,先手動將糖粉與蛋白霜攪拌幾下,避免開啓攪拌器的瞬間糖粉四濺。

糖粉加完後,使用刮刀刮下邊緣的蛋白霜,稍微攪拌一下讓質地均勻。

電動攪拌器轉成高速,打至尾端尖挺的乾性發泡。

Point · 碗盆整個倒過來,蛋白霜不會滑落的狀態。

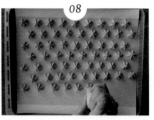

過篩的乾粉類分兩次倒入打好的蛋白霜中,使用刮刀切拌均勻,直到看不見粉末。

完成的蛋白霜放入裝有星形花嘴的擠花袋,擠出直徑約 2cm 的星形,每個保持間距約 1.5cm。

Point・使用矽膠網墊烤出來口感較酥脆,可依需求自行選擇。

烘烤 ・ Bake

09 放入預熱至 100 度的烤箱,烘烤 2 小時。

Point・請依烤箱特性不同,視情況調整烘焙時間。

10 待表面上色,呈現霧面的綠色,剝開一片,確認底部及表面完全乾燥,且中心有烤熟後 ,即可出爐 。

11 出爐後把整片矽膠網墊連同餅乾提起,移至冷卻架上,待餅乾降溫後,盡快密封保存避免受潮。

Point・不用等到餅乾完全冷卻,摸起來還溫溫的狀態,就可以趕快收進密封盒,否則很快就會受潮。

蘭朵夏椰香餅乾
Coconut Cat Tongue

由蛋白、奶油、糖、麵粉四種基本材料,做成的小型棒狀餅乾,形似貓的舌頭,而它的原文 Langue de chat 意思就是「貓咪的舌尖」。是一款薄脆、香甜濃郁,讓人愛不釋手的人氣點心。

食譜份量	長 5cm 餅乾約 55 片
使用模具	直徑 10mm 圓形花嘴
保存方式	放入密封容器中並放入乾燥劑保存
	(此款餅乾容易受潮,需使用較多乾燥劑)
賞味期限	常溫密封狀態下 21 天

材料・Ingredients

無鹽奶油 50g

糖粉 50g

蛋白 50g

低筋麵粉 40g

海鹽 1g

椰子粉 25g

作法 · Methods

(01) 室溫無鹽奶油放入有深度的碗盆中，用刮刀將奶油
　　攪拌至滑順質地。

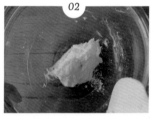

倒入過篩的糖粉，將兩者
攪拌均勻。

加入打散的蛋白，使用打
蛋器將兩者攪伴均勻。

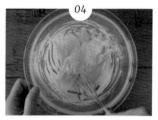

加入過篩的海鹽、低筋麵
粉，攪拌至看不見粉即
可。

加入椰子粉，攪拌均勻。

麵糊放入裝有圓形花嘴的
擠花袋，在墊有矽膠墊的
烤盤上，擠出 5cm 長條，
並確保麵糊之間保持適當
距離。

Point · 小心手溫將打發好的
奶油霜麵糊融化，必要時可
戴手套做擠出，隔絕手溫。

在放入烤箱前，將手指沾
水，輕輕按壓麵糊尖端使
之平整。

烘烤・Bake

08 放入預熱至 155 度的烤箱，烘烤 14 分鐘。

待餅乾邊緣均勻上色，即
可出爐。

10 完成後移至冷卻架上確實冷卻，此款餅乾容易
受潮，因此冷卻後，應盡快密封保存。

蘭朵夏抹茶餅乾
Matcha Cat Tongue

不知道怎麼變化，抹茶總是不會出錯的選擇，雖是安全牌，卻也是永遠受歡迎的經典口味。

食譜份量	長 5cm 餅乾約 50 片
使用模具	直徑 10mm 圓形花嘴
保存方式	放入密封容器中並放入乾燥劑保存
	（此款餅乾容易受潮，需使用較多的乾燥劑）
賞味期限	常溫密封狀態下 21 天

材料 · Ingredients

無鹽奶油 50g
糖粉 55g
蛋白 45g
低筋麵粉 55g

鹽 1g
抹茶粉 5g

作法 · Methods

01 作法與蘭朵夏椰香餅乾相同。

Point·抹茶粉、鹽與低筋麵粉一起加入。
Point·也可擠成小圓球，來變化造型，尖端一樣手指沾水輕壓麵糊即可。

焦香堅果脆餅
Croquant

一款利用蛋白、糖及堅果製作而成的餅乾，口感鬆脆，且吃得到堅果顆粒，使用黃糖，讓口感層次更豐富，餅乾也自帶焦糖香氣。

食譜份量	4cm 餅乾約 40 片
保存方式	放入密封容器中並放入乾燥劑保存
賞味期限	常溫密封狀態下 21 天

材料 · Ingredients

蛋白 40g

黃糖 50g

糖粉 90g

泡打粉 2g

中筋麵粉 46g

帶皮杏仁果 80g

開心果仁 30g

Point · 可使用各種堅果來做變化，但注意要烘烤過並切成小丁再使用。

作法 · Methods

01 杏仁果攤平在烤盤上，用 150 度烘烤 20 分鐘左右，出爐待涼後使用。

Point · 直到杏仁果上色並飄出堅果香氣，注意不要烤焦。

杏仁果與開心果切成小塊，可依個人喜好決定尺寸。

Point · 建議杏仁果至少切成 1/3 大小，開心果切成 1/2 大小，避免混入麵糊一起烘烤時烤不熟，導致香氣不足。

用電動攪拌器將蛋白打進空氣，並均勻起泡。

繼續打發蛋白，並一邊分次加入黃糖，直到將蛋白霜打發至尾端尖挺。

過篩的泡打粉、糖粉與麵粉混合，分 3 次加入蛋白霜，繼續攪打至看不見粉末。

Point · 加入粉類時轉低速，麵粉才不會四處噴濺，攪打到質地變硬時，可換成刮刀攪拌。

倒入切好的堅果顆粒，輕輕拌合，讓堅果顆粒均勻地被麵糊包裹著。

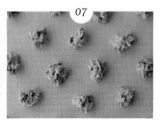

用湯匙挖出麵糊，一個約 7g，將其保持適當距離排放在墊著矽膠網墊的烤盤上。最後手沾一點水稍微按壓麵糊，讓每一片的厚度一致。

Point · 完成後盡快將麵糊分到烤盤上，避免麵糊變乾並結塊。

烘烤 · Bake

08 放入預熱至 155 度的烤箱，烘烤 28 分鐘，待表面均勻上色，剝開一片，確認餅乾中心有烤熟後，即可出爐。

09 出爐後移至冷卻架上，確實冷卻後密封保存。

可可鑽石餅乾
Chocolate Diamond Cookies

餅乾邊緣佈滿晶瑩剔透的砂糖，搭配苦甜可可，讓整體口感香甜卻不膩口，且餅乾質地酥鬆，容易讓人一口接一口，停不下來。

食譜份量	直徑 3cm 餅乾約 38 片
保存方式	放入密封容器中並放入乾燥劑保存
賞味期限	常溫密封狀態下 14 天

材料 · Ingredients

無鹽奶油 93g	高脂無糖可可粉 20g
糖粉 66g	泡打粉 1g
全蛋 17g	蛋白 30g（可省略）
低筋麵粉 130g	細砂糖 100g

作法 · Methods

室溫無鹽奶油切成小塊，放入有深度的碗盆中，過篩的糖粉倒入碗中，使用電動攪拌器，將兩者打至發白蓬鬆狀。

加入全蛋並攪拌均勻。

倒入過篩的低筋麵粉、可可粉及泡打粉，用刮刀翻起麵團切拌均勻，直至看不見粉類即可。

Point· 使用刮刀切開麵團，確實將底部麵團翻起。

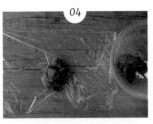

完成的麵團應表面平滑不粗糙並帶有蓬鬆感，將其分成兩份，一份約 160g。

麵團包上保鮮膜，放入冷藏約 1 小時進行鬆弛。

取出麵團，在桌上用手掌末端壓開麵團，再進行整合。

一邊撒上手粉，一邊用手掌轉動麵團，將其整形成大約直徑 3cm 的圓柱狀。

也可如圖，拿一個平底鐵盤將麵團前後推滾成長條圓柱，可避免在麵團上留下手指痕跡，幫助表面更平整，也能避免手溫把麵團中的奶油融化。

09

10

細砂糖倒在鐵盤上備用。

用等長烘焙紙包裹麵團，
放入冷凍至硬化定型。

11

12

從冷凍取出麵團，利用定
型的麵團上的濕氣，沾裹
上砂糖，可輕扣一下鐵
盤，除去多餘的砂糖。

*Point．*也可用毛刷在麵團表
面刷上蛋白再滾上砂糖，讓
砂糖更完整附著在麵團上。
刷上蛋白滾糖的餅乾會有糖
殼，依個人喜好製作即可。
（可參考對照圖，左：先刷
蛋白，右：直接撒糖。本書
成品為直接撒糖）

拿一支尺與餅乾平行，每
隔 1cm 就用刀在麵團表面
做記號，然後將麵團切成
約 1cm 厚。

*Point．*用按壓刀尖的方式切
下能保持平整俐落。

13　每個麵團保持適當距離，排放在墊著矽膠網墊的烤盤上。

烘烤 ・ Bake

14　放入預熱至 150 度的烤箱，烘烤 22 分鐘。

15　待餅乾表面上色，剝開一片，確認餅乾中心有烤熟後即可出爐。

16　完成後移至冷卻架上確實冷卻，並密封保存。

香草鑽石餅乾
Vanilla Diamond Cookies

在樸實外表下，蘊含有香草極富層次的獨特風味，加上與之搭配的酥鬆口感，讓人無法不愛不釋手。

食譜份量　　直徑 3cm 餅乾約 38 片

保存方式　　放入密封容器中並放入乾燥劑保存

賞味期限　　常溫密封狀態下 14 天

材料 · Ingredients

無鹽奶油 95g

糖粉 66g

蛋黃 17g

香草莢 1pc

低筋麵粉 150g

泡打粉 0.5g

蛋白 30g（可省略）

細砂糖 100g

作法 · Methods

01　室溫無鹽奶油切成小塊，並放入有深度的碗盆中，接著倒入過篩的糖粉，將兩者混合均勻，並使用電動攪拌器打至發白且蓬鬆狀。

02　取出香草籽與蛋黃混勻，加入步驟 01 中攪拌均勻。

03　倒入過篩的低筋麵粉及泡打粉，並使用刮刀翻起麵團切拌均勻，直至看不見粉類即可。

04　接下來參考 P102 可可鑽石餅乾步驟 04 ～ 16 作法即可。

Chapter *3*

Gâteaux de Voyage

口味千變萬化
帶著一起旅行的蛋糕

　　Gâteaux de Voyage 是法語，意思是旅行蛋糕。這是一種法國傳統的點心，其配方設計使它們不易變質、損壞且較耐保存，可在旅途中攜帶食用。它們可以有不同的口味和形狀，不僅是旅行時的好夥伴，也常被當作拜訪朋友時的禮物。

　　製作旅行常溫蛋糕的祕訣是「好的材料與正確烘烤」。選擇高品質食材，如新鮮的牛奶、優質無鹽奶油，具獨特風味的調溫巧克力等，可提升蛋糕口感和質量。同時使用溫度適宜的材料，像是奶油和雞蛋確實回到常溫狀態，麵糊達到均勻乳化。另外，攪拌方式、烤箱溫度的掌握等，都會對蛋糕的質感和口感產生影響。

Madeleine

瑪 德 蓮

　　關於瑪德蓮，令我印象最深刻的是在《追憶似水年華》一書中，法國作家普魯斯特將瑪德蓮蛋糕浸泡在熱茶中食用，這也成為瑪德蓮的獨特食用方式之一。藉由小說裡對瑪德蓮的敘述，讓它不僅僅是一種點心，更是一個情感和文化的符號，不只法國，在其他國家也是很受歡迎的點心，外表有著貝殼形狀與金黃色脆皮，內裡則是柔軟濕潤質地，帶點淡淡的蜜香，適合搭配紅茶或黑咖啡一同享用。

原味蜜香瑪德蓮
Plain Madeleines

有別於一般常見原味配方，利用加入榛果奶油，使瑪德蓮具有堅果香氣和保濕性，同時也保留了瑪德蓮的傳統風味。

食譜份量	中型瑪德蓮約 24 顆
使用模具	碳鋼材質瑪德連模，單格內部直徑約 5.5cm
保存方式	放入密封袋中保存
賞味期限	常溫 3 天 / 冷凍約 1 個月

材料 · Ingredients

全蛋 156g
上白糖 136g
牛奶 46g
龍眼蜂蜜 31g
低筋麵粉 145g

杏仁粉 20g
泡打粉 10g
無鹽奶油 163g

作法 · Methods

01 製作榛果奶油（參考 P30 榛果奶油作法），完成後放在一旁降溫備用。

02 牛奶和蜂蜜放在小碗裡，微波加熱至約 60 度的溫熱狀態。

在一個大碗中，拿打蛋器輕輕將蛋和糖混合均勻。

過篩的低筋麵粉、泡打粉、杏仁粉倒入碗中，攪拌均勻。

Point · 若製作的量較多，可先加入杏仁粉攪拌均勻，再加入低筋麵粉及泡打粉，分開加入較容易攪拌均勻。

將溫熱的蜂蜜牛奶倒入麵糊中拌勻。

將榛果奶油倒入麵糊中拌勻。

Point · 榛果奶油降溫至約 60 度再加入。

保鮮膜貼面密封，放入冷藏靜置至少 6 小時（隔夜最佳）。

取出麵糊退冰至常溫狀態後，用刮刀輕輕攪拌均勻。

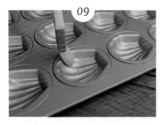

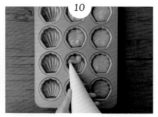

在瑪德蓮模具上一層薄薄
的油備用。

麵糊倒入擠花袋中，擠花
袋尖端剪開約 1cm，在每
個模具裡用畫 Z 字型方
式，擠入 27g 麵糊（約八
分滿）。

Point·以小開口並 Z 字型擠
出麵糊，可降低大氣泡的產
生。

烘烤 · Bake

⑪　放入烤箱 180 度烘烤 14 分鐘，麵糊中心隆起，表面上色後即可出爐。

出爐立即倒扣，瑪德蓮現烤出爐即可享用，或稍微放涼
後盡快密封保存，避免流失水分變得乾燥。

Point·若黏在模具上表示油抹不夠，或是模具塗層受損。可把
小抹刀插入蛋糕邊緣輕推，來幫忙脫模。

覆盆莓瑪德蓮
Raspberry Madeleines

在麵糊裡加入酸甜的覆盆莓果實，並在最後將果醬夾入蛋糕中心，為有著濃郁蛋奶香的瑪德蓮，帶來甜中帶酸的風味。

食譜份量	中型瑪德蓮約 24 顆
使用模具	碳鋼材質瑪德連模，單格內部直徑約 5.5cm
保存方式	放入密封袋中保存
賞味期限	常溫 3 天，此款因有擠入果醬，不適合冷凍長時間保存，建議密封常溫保存。

材料 · Ingredients

全蛋 156g	泡打粉 10g	〔覆盆莓果醬〕
上白糖 136g	融化無鹽奶油 120g	覆盆莓 150g
牛奶 46g	香草膏 4g	細砂糖 94g
龍眼蜂蜜 30g		
低筋麵粉 150g	覆盆莓（本食譜使用冷	
杏仁粉 15g	凍果粒） 70g	

作法 · Methods

01 製作覆盆莓果醬並放入擠花袋中，放涼備用。（參考 P34 覆盆莓果醬作法）

02 把 120g 的奶油切丁，放進鍋子小火煮至融化無鹽奶油。

03 瑪德蓮麵糊製作步驟參考 P110 原味蜜香瑪德蓮作法。
Point · 香草膏最後加入麵糊，並攪拌均勻即可。

04 製作好的麵糊放入碗中，並用保鮮膜貼面密封，放入冷藏靜置至少 6 小時（隔夜最佳）。

05 取出麵糊退冰至常溫狀態，用刮刀輕輕攪拌均勻。

06 在瑪德蓮模具上一層薄薄的油備用。

07 麵糊倒入擠花袋中，擠花袋尖端剪開約 1cm，在每個模具裡用畫 Z 字型方式，擠入 27g 麵糊（約八分滿）。

冷凍覆盆莓敲碎備用。

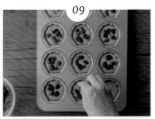

灑上適量覆盆莓碎果粒，周圍預留空隙，避免果粒接觸到模具而燒焦。

烘烤 ・Bake

放入烤箱 180 度烘烤 14 分鐘，麵糊中心隆起，表面上色後，即可出爐。

(11) 出爐立即倒扣。

趁溫熱時在瑪德蓮中心戳洞，肚臍面朝下放涼。

待蛋糕體稍微冷卻，且比較沒那麼鬆軟，在中心擠入適量果醬即可享用。或者放入密封袋中保存。

抹茶瑪德蓮
Matcha Madeleines

帶有清甜香氣的日式抹茶，與奶油味十足的瑪德蓮相當契合，口味香濃且不失清新，我一次可以連吃好幾顆，抹茶粉可用不同的茶替換，變化出更多口味。

食譜份量	中型瑪德蓮約 24 顆
用模具	碳鋼材質瑪德連模，單格內部直徑約 5.5cm
保存方式	放入密封袋中保存
賞味期限	常溫 3 天／冷凍約 1 個月

材料 · Ingredients

全蛋 156g

上白糖 150g

牛奶 46g

龍眼蜂蜜 30g

抹茶粉 14g

泡打粉 10g

低筋麵粉 150g

杏仁粉 15g

融化無鹽奶油 140g

作法・Methods

(01) 把 140g 的奶油切丁，放進鍋子小火煮至融化無鹽奶油。

(02) 牛奶和蜂蜜放在小碗裡，微波加熱至約 60 度的溫熱狀態。

(03) 在一個大碗中，拿打蛋器輕輕將蛋和糖混合均勻。

(04) 低筋麵粉、泡打粉、杏仁粉與抹茶粉一起過篩並混合均勻。

乾粉類倒入蛋液中，攪拌均勻。

將溫熱的蜂蜜與牛奶，倒入麵糊中拌勻。

將融化奶油倒入麵糊中拌勻。

(08) 保鮮膜貼面密封，放入冷藏靜置至少 6 小時（隔夜最佳）。

(10) 在瑪德蓮模具上一層薄薄的油備用。

(11) 麵糊倒入擠花袋中，擠花袋尖端剪開約 1cm，在每個模具裡用畫 Z 字型方式，擠入 27g 麵糊（約八分滿）。

取出麵糊退冰至常溫狀態後，用刮刀輕輕攪拌均勻。

烘烤 ・ Bake

⑫ 放入烤箱 180 度烘烤 14 分鐘，麵糊的中心隆起，表面上色後即可出爐。

⑬ 出爐立即倒扣，瑪德蓮現烤出爐即可享用，或待稍微放涼後盡快密封保存，避免流失水分變得乾燥。

檸檬羅勒瑪德蓮
Lemon Basil Madeleines

檸檬微酸的口感和羅勒的天然鹹香相互融合，營造出獨特的風味。表層刷上酸甜的糖霜，讓整體口感更具特色。我經常直接吃羅勒原味，因為出爐的香氣實在誘人，讓人忍不住偷吃幾顆，然後停不下來！

食譜份量	中型瑪德蓮約 24 顆
使用模具	碳鋼材質瑪德連模，單格內部直徑約 5.5cm
保存方式	放入密封袋中保存
賞味期限	常溫 3 天 / 冷凍約 1 個月

材料 · Ingredients

全蛋 155g
上白糖 130g
牛奶 55g
新鮮甜羅勒葉 10 片
龍眼蜂蜜 34g
低筋麵粉 144g
杏仁粉 16g
泡打粉 10g
無鹽奶油 120g

〔檸檬糖霜〕
糖粉 80g
新鮮檸檬汁 20g
乾燥羅勒葉 適量

作法 ・ Methods

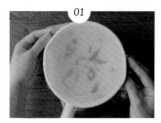

01 牛奶以中小火煮至沸騰即離火,並將羅勒葉放入鍋中,用保鮮膜密封,靜置悶蒸約 30 分鐘。

02 在一個大碗中,拿打蛋器輕輕將蛋和糖混合均勻。

03 過篩的低筋麵粉、泡打粉及杏仁粉倒入麵糊中,攪伴均勻。

04 奶油、蜂蜜放入碗中,微波加熱使之融化,並攪拌均勻,加熱至 60 度即可。

05 將蜂蜜奶油加入麵糊中,攪拌均勻。

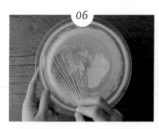 

悶蒸完成的羅勒牛奶倒入麵糊中,攪拌均勻。

Point・夾起羅勒葉,再倒入牛奶,較容易攪拌均勻。

羅勒葉放回麵糊中,保鮮膜貼面密封,放入冷藏靜置至少 6 小時(隔夜最佳)。

(08) 取出麵糊退冰至常溫狀態，用刮刀輕輕攪拌均勻。

(09) 在瑪德蓮模具上一層薄薄的油備用。

麵糊倒入擠花袋中，擠花袋尖端剪開約 1cm，在每個模具裡用畫 Z 字型方式，擠入 27g 麵糊（約八分滿）。

烘烤 · Bake

(11) 放入烤箱 180 度烘烤 14 分鐘，麵糊的中心隆起，表面上色後即可出爐。

(12) 出爐立即倒扣，羅勒瑪德蓮現烤出爐即可享用，也可繼續接下來的步驟，沾上糖霜做享用。

糖霜
Glaze

取一個碗，倒入糖粉，接著倒入常溫檸檬汁，將兩者攪拌均勻至呈現光亮柔滑質地。

糖霜斜向刷在貝殼表面，然後把刷上糖霜的方向朝下靜置。

趁糖霜還沒乾燥凝固前，撒上適量乾燥羅勒葉，凝固後即可密封保存。

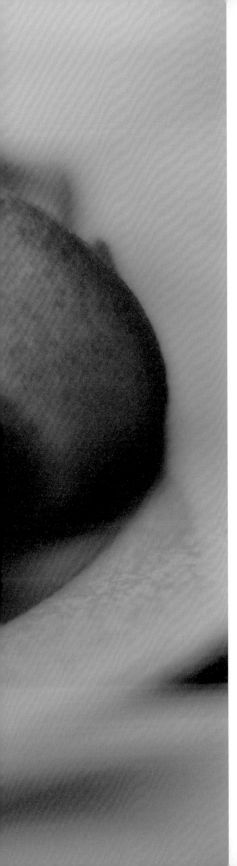

Financier

費 南 雪

費南雪名字來自法語 "
financier "，意為金融家，傳統
外型如同一片金磚。含有大量
杏仁粉、榛果奶油和蛋白，含
糖量較高，因此口味濃郁，並
具有獨特的焦糖風味。這裡的
製作方式不同於傳統方法，使
用了打發蛋白的方式，即使使
用相同的食材，也呈現出嶄新
風味的費南雪。這款小巧可愛、
香氣撲鼻的費南雪，最適合搭
配黑咖啡享用。它不需要等麵
糊靜置，可以直接烘烤完成，
因此是我認為最實用且喜愛的
法式蛋糕。

原味蜂蜜費南雪
Plain Financier

最經典的原味，加入榛果奶油因此帶有強烈焦糖香氣及濕潤濃郁口感，出爐時外殼酥酥的口感讓美味更上乘，蛋糕體油脂豐富，因此很適合食用前回烤熱熱的吃。

食譜份量	可做約 24 顆
使用模具	碳鋼材質 12 連栗子模，單格內部直徑約 6cm
保存方式	放入密封袋中保存
賞味期限	常溫 7 天 / 冷凍約 1 個月

材料 · Ingredients

蛋白 140g

海鹽 2g

龍眼蜂蜜 26g

糖粉 174g

中筋麵粉 68g

杏仁粉 106g

無鹽奶油 185g

作法 · Methods

01　將無鹽奶油製作成榛果奶油（參考 P30 榛果奶油作法），完成後放在一旁降溫備用。

糖粉、中筋麵粉、杏仁粉過篩到同一個大碗裡，並用打蛋器攪拌均勻。

蛋白、蜂蜜及海鹽倒入不鏽鋼盆，隔一盆熱水，隔水加熱用打蛋器將蛋白液打發。

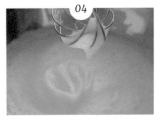
舉起打蛋器，有綿密的泡泡殘留在打蛋器上，並形成小倒三角即可。

Point · 有明顯紋路並充滿空氣即可。

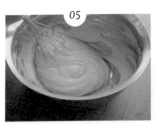
打發好的蛋白倒入混勻的乾粉鍋中，攪拌均勻。

將降溫至 60~80 度的榛果奶油過篩倒入麵糊，攪拌均勻。

07 在模具噴上一層薄薄的油。

麵糊倒入擠花袋中，擠花袋尖端剪開約
1cm，在每個模具裡用畫 Z 字型方式，擠
入 25g 麵糊（約八分滿）。

Point·擠花袋口剪開成小開口，可幫助擠出的
麵糊減少氣泡。

烘烤 ‧ Bake

09 放入烤箱 180 度烘烤 14 ～ 16 分鐘，麵糊的中心微微凸起，邊緣
呈咖啡色，表面也上色後即可出爐。

出爐後蓋上一張烘焙紙以及待涼架，反轉
360 度，倒扣脫模。模具提起後蛋糕會自
動脫離模具，放涼後密封保存。

Point·若黏在模具上表示油抹不夠，或模具塗
層受損。可把小抹刀插入蛋糕邊緣輕推，幫助
脫模。

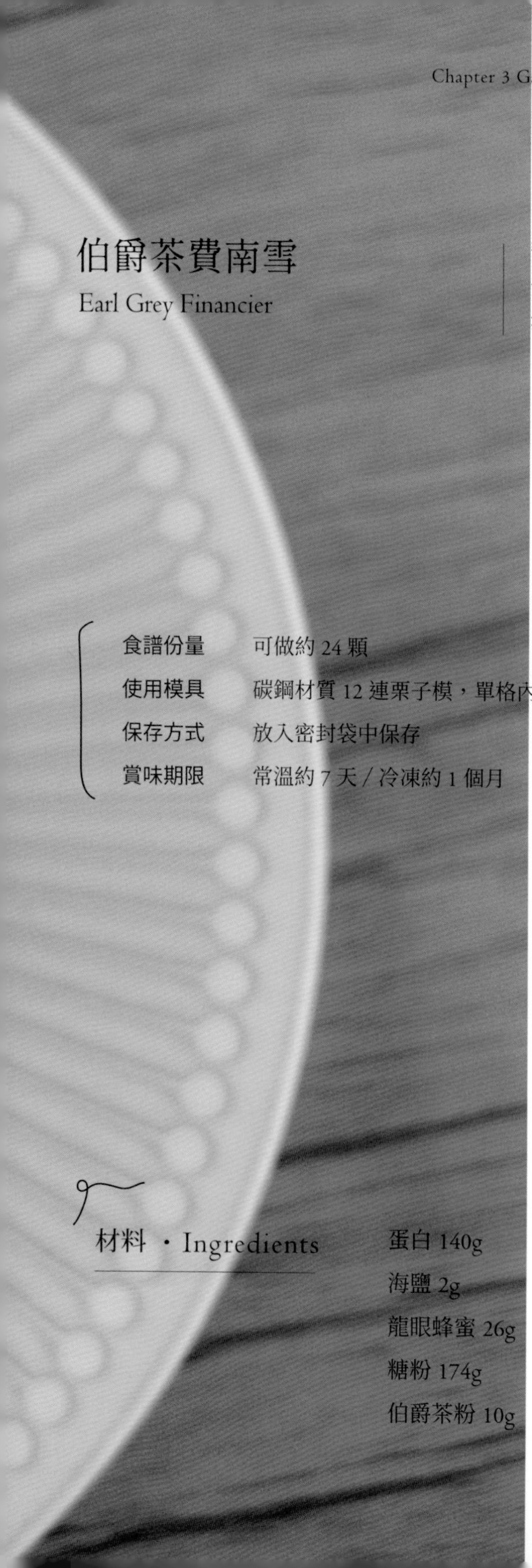

伯爵茶費南雪
Earl Grey Financier

帶有柑橘香氣的伯爵茶,與奶油的香氣融合,撲鼻的清香搭配上濃郁口感,讓人印象深刻。

食譜份量	可做約 24 顆
使用模具	碳鋼材質 12 連栗子模,單格內部直徑約 6cm
保存方式	放入密封袋中保存
賞味期限	常溫約 7 天 / 冷凍約 1 個月

材料 · Ingredients

蛋白 140g
海鹽 2g
龍眼蜂蜜 26g
糖粉 174g
伯爵茶粉 10g

中筋麵粉 68g
杏仁粉 100g
融化無鹽奶油 155g

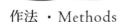

作法 · Methods

01 把 155g 奶油切丁，放進鍋子小火煮至融化無鹽奶油。

02 蛋白、蜂蜜及海鹽倒入不鏽鋼盆，隔一盆熱水，隔水加熱用打蛋器將蛋白液打發，打發至舉起打蛋器，有綿密的泡泡殘留在打蛋器上，並形成小倒三角即可。

03

04

05

打發好的蛋白倒進過篩並混勻的乾粉類（含茶粉）裡攪拌均勻。

將步驟 01 降溫至 60~80 度的融化無鹽奶油倒入麵糊中，然後攪拌均勻。

完成的麵糊應具有流動性，且呈現緞帶狀。

06 在模具噴上一層薄薄的油。

07 麵糊倒入擠花袋中，擠花袋尖端剪開約 1cm，在每個模具裡用畫 Z 字型方式，擠入約 25g 麵糊（約八分滿）。

烘烤 ·Bake

放入烤箱 180 度烘烤 14 ～ 16 分鐘，麵糊的中心微微凸起，邊緣呈咖啡色，表面也上色後即可出爐。

出爐後蓋上一張烘焙紙以及待涼架，反轉 360 度，倒扣脫模。模具提起後蛋糕會自動脫離模具，放涼後密封保存。

榛果費南雪
Hazelnut Financier

將費南雪常用的杏仁粉以榛果粉替換，並結合榛果奶油與打發蛋白，不只帶出榛果迷人香味，還有強烈甜膩的焦糖味，豐富的油脂讓濕潤感在口中漫延，即便隔天回烤熱熱吃，也讓人停不下來。

食譜份量	可做約 24 顆
使用模具	碳鋼材質 12 連圓杯模，內部上口 7cm× 下口 5 cm
保存方式	放入密封袋中保存
賞味期限	常溫約 7 天 / 冷凍約 1 個月

材料 · Ingredients

蛋白 143g
海鹽 2g
龍眼蜂蜜 26g
糖粉 120g
中筋麵粉 43g

榛果粉 66g
無鹽奶油 134g

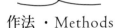

作法 · Methods

01　將無鹽奶油製作成榛果奶油（參考 P30 榛果奶油作法），完成後放在一旁降溫備用。

02　蛋白、蜂蜜及海鹽倒入不鏽鋼盆，隔一盆熱水，隔水加熱用打蛋器將蛋白液打發，打發至舉起打蛋器，有綿密的泡泡殘留在打蛋器上，並形成小倒三角即可。

05

在模具噴上一層薄薄的油。

打發好的蛋白倒進過篩並混勻的乾粉類（含榛果粉）裡攪拌均勻。

將降溫至 60～80 度的榛果奶油過篩倒入麵糊中，攪拌均勻。

使用擠花袋，一個模內擠入 20g 麵糊（約八分滿）。

烘烤 · Bake

07　放入烤箱 180 度烘烤 14 分鐘，麵糊的中心微微凸起，邊緣呈咖啡色，表面也上色後即可出爐。

08　出爐立即倒扣，放涼後密封保存。

焦糖海鹽費南雪
Caramel Financier

口感綿密,且散發著濃郁風味,此時將帶有鹹甜滋味的焦糖海鹽醬擠入其中,不只增加了香氣的層次,更豐富了口感變化。

食譜份量	可做約 24 顆
使用模具	12 連圓杯模,內部上口 5cm× 下口 3.5 cm
保存方式	放入密封袋中保存
賞味期限	常溫約 7 天 / 冷凍約 1 個月

材料 · Ingredients

蛋白 112g

海鹽 0.8g

龍眼蜂蜜 21g

糖粉 128g

中筋麵粉 55g

杏仁粉 85g

融化無鹽奶油 122g

法式焦糖海鹽醬 16g

〔法式焦糖海鹽醬〕

細砂糖 70g

動物性鮮奶油 100g

無鹽奶油 15g

海鹽 1.3g

作法・Methods

01 製作法式焦糖海鹽醬（參考 P32 法式焦糖海鹽醬），完成後待涼備用。

02 把 122g 奶油切丁，放進鍋子小火煮至融化無鹽奶油。

03 蛋白、蜂蜜及海鹽倒入不鏽鋼盆，隔一盆熱水，隔水加熱用打蛋器將蛋白液打發，打發至舉起打蛋器，有綿密的泡泡殘留在打蛋器上，並形成小倒三角即可。

04 打發好的蛋白倒入過篩的乾粉類裡攪拌均勻後，再倒入奶油拌均。

05

麵糊完成後，加入 16g 焦糖醬，攪拌拌勻。

06

在模具噴上一層薄薄的油。

07

使用擠花袋，一個模內擠入 20g 麵糊（約八分滿）。

烘烤 ・Bake

08　放入烤箱 180 度烘烤 14 分鐘，麵糊的中心微微凸起，邊緣呈咖啡色，表面
也上色後即可出爐。

出爐後趁熱在費南雪中心
戳洞，擠入適量焦糖醬。

10　放在架上待涼後，即可密封保存。

Quatre-Quarts
磅蛋糕

Quatre-quarts 是法語，意思是「四分之四」，因為傳統的磅蛋糕材料是使用相等比例的四種成份，麵粉、糖、雞蛋和奶油，每種成份皆為蛋糕重量的四分之一，製作方式簡單，沒有太複雜的烘焙技巧。英語一般稱為 Pound cake，口感緊實而濕潤，味道香甜，亦會搭配水果、鮮奶油或巧克力等食材，來增添口感與風味。

磅蛋糕製作基礎

磅蛋糕的祕訣──「食材比例的調整與雞蛋的溫度」。

傳統磅蛋糕配方需使用等量的麵粉、糖、雞蛋和奶油，這些成份的比例對蛋糕的體積、口感和結構會產生重要影響，因此必須精確調整。

此外，雞蛋的溫度也很重要，在烘焙磅蛋糕前，應使用常溫雞蛋，因為冰雞蛋會導致奶油凝固，難以與其他材料混合，從而影響蛋糕質地。

除了食材溫度是製作磅蛋糕成功的重要關鍵外，混合麵糊時勿攪拌過度，模具準備工作等小技巧，都會對烘焙結果產生影響，因此務必細心準備。

磅蛋糕模具的事前準備

可防止蛋糕黏在模具上，使之容易脫模，讓蛋糕外觀更美觀。

使用各種方式的差異：

01 鋪烘焙紙

這是最簡單、保險的方式，直接在蛋糕模內鋪上剪成合適大小的烘焙紙，再將麵糊倒入模具即可。烘焙完成後，撕下烘焙紙即可脫模。

02 抹油灑粉

傳統方式，用刷子在模具表面塗一層奶油後，撒上高筋麵粉，讓蛋糕不會沾黏在模具上。要注意奶油的厚度，若塗抹不均，會直接影響蛋糕表面的平整。

03 直接使用

如果蛋糕模具有不沾黏特性，可直接使用。不過，出爐後需等蛋糕冷卻再脫模，否則易造成蛋糕裂開或變形，此外不沾層的效能會消耗，若沒有好好保養，沾黏情況會越來越明顯。

總歸來說，鋪烘焙紙是最簡單、保險的方式，抹油灑粉比較傳統，要注意奶油與粉的厚度均勻和模具的清洗，直接使用需注意平時模具的保養和脫模技巧，請根據自己的需求和經驗選擇使用方式，本書使用的是舖紙的方式。

磅蛋糕鋪烘焙紙

本書使用模具為：寬 8.7×長 21.5×高 6cm

準備一張烘焙紙，將模具放在烘焙紙上，四邊各預留約 8cm 的空間。

Point· 若紙張太大，需事先裁切。

在模具四個角落處，用鉛筆在紙上做記號。

沿著剛才做記號的地方，將四邊都摺出摺痕。

Point· 摺痕要確實，較能與模具貼合。

沿著摺痕將側邊剪開。

剪好的烘焙紙放進模具，讓烘焙紙邊緣和模具邊緣對齊。

Point· 可以先噴上少量油，幫助烘焙紙貼緊模具。

如果烘焙紙邊緣高於模具太多，請剪掉烘焙紙多餘部分，讓其和模具邊緣齊平。

Point· 邊緣的紙若高於模具太多，可能導致烘焙過程中紙張被吹動而影響成品外觀。

經典檸檬糖霜蛋糕
Classic Lemon Cake

軟綿的蛋糕體，在出爐時刷上檸檬糖酒液，口感更柔軟細緻，且帶有清新香氣，披覆上酸甜的糖霜，讓檸檬的酸香平衡了蛋糕的濃郁，適合搭配茶或咖啡，在任何時候享用。

食譜份量	可做 2 條
使用模具	鐵製長條磅蛋糕不沾模，內部直徑約 8.7×17.8×6 cm
保存方式	放入密封袋，或用保鮮膜包裹並放入保鮮盒中保存
賞味期限	常溫約 10 天 / 冷凍約 1 個月

材料 · Ingredients

全蛋 175g
上白糖 160g
低筋麵粉 120g
杏仁粉 55g
無鹽奶油 180g
龍眼蜂蜜 10g
新鮮檸檬汁 15g
黃檸檬皮屑 2pc

〔檸檬酒糖液〕
波美糖漿 60g
（參考 P38
30°波美糖漿作法）
新鮮檸檬汁 30g
飲用水 30g
檸檬利口酒 30g
作法：四種材料混合均勻即可。

Point · 剩餘的檸檬酒糖液可過篩裝進密封容器，冷藏保存約 3 天。

〔檸檬糖霜〕
糖粉 150g
新鮮檸檬汁 30g
黃檸檬皮 1 顆

作法・Methods

01 低筋麵粉、杏仁粉過篩並混合備用。

Point・過篩兩次以上，降低結塊風險。

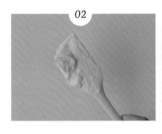

02 用刮刀將常溫奶油拌至滑順的乳霜狀。

03 加入糖並將兩者攪拌均勻，呈現乳白色。

Point・不要將空氣打入，稍微發白的均勻狀態即可。

04 先倒入 1/3 量的蛋液，並確實與奶油霜拌勻，均勻乳化後，再倒入 1/3 的蛋液，攪拌均勻。

Point・這時麵糊看起來稍微分離屬正常，但若雞蛋溫度太低，會造成麵糊無法完全乳化，而分離成碎屑的蛋花狀。

05 加入 1/2 的乾粉類，用切拌的方式慢慢將麵糊攪拌均勻。

Point・小心不要過度攪拌，看不見粉可停止攪拌。

06 剩下的蛋液分次少量加入麵糊，並一邊輕輕攪拌均勻。

07 加入剩餘的乾粉類，慢慢攪拌至看不見粉即可。

Point・蛋液與粉類依序並分次加入，可防止麵糊分離，但攪拌不可過度，否則會出筋導致口感變硬。

08　加入加熱至 60 度左右的溫熱蜂蜜，攪拌均勻。

09　最後加入檸檬汁和檸檬皮屑，並攪拌均勻。

麵糊倒入鋪了烘焙紙的模具中，1 個模具填入 370g，刮刀垂直插入模具四個角落，將角落填滿並抹平表面。

烘烤 ・ Bake

11　放入預熱至 160 度的烤箱烘烤約 45 分鐘。

　　Point・蛋糕表面上色均勻，香氣明顯，用竹籤插入蛋糕中間，無沾黏即可出爐。

12　戴上手套取出蛋糕後，從距離桌面 10cm 左右的高度，輕摔兩次排出氣體。

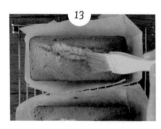

脫模後，趁熱刷上兩次檸檬酒糖液。

放在冷卻架上冷卻後，用保鮮膜包裹密實，在室溫下放置一天。

Point・放置過後可讓味道更融合。

裝飾 & 糖霜 ·
Decorate&Glaze

15

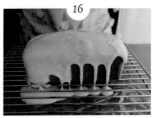

16

將檸檬汁倒入裝了糖粉的
碗中,攪拌均勻,直至呈
現光亮柔滑質地。

蛋糕放在網架上,下方墊
保鮮膜,從蛋糕頂部以均
勻速度慢慢移動,讓蛋糕
表面均勻淋上糖霜,並震
動網架讓多餘的糖霜流
下。

01　蛋糕放進預熱 160 度的烤箱烘烤 1 分鐘。

　　Point · 糖霜烘烤過可讓糖霜有脆脆的口感,並產生光澤。

02　出爐後在蛋糕上刨上些許檸檬皮即完成。

白雪紅莓大理石
White Chocolate Raspberry Cake

有著濃郁的奶油香氣加上甜蜜的白巧克力和微酸的覆盆莓果醬，絕妙的酸甜平衡為這款蛋糕，增添了豐富且富有變化的味道。

食譜份量	可做 2 條
使用模具	鐵製長條磅蛋糕不沾模，內部直徑約 8.7×17.8×6 cm
保存方式	放入密封袋，或用保鮮膜包裹並放入保鮮盒中保存
賞味期限	常溫約 10 天 / 冷凍約 1 個月

材料 · Ingredients

全蛋 175g
上白糖 145g
低筋麵粉 120g
杏仁粉 55g
無鹽奶油 175g
覆盆莓果醬 50g
耐烤白巧克力豆 30g
牛奶 20g

〔覆盆莓果醬〕
覆盆莓 100g
細砂糖 65g
（※ 參考 P34 覆盆莓果醬作法）

〔白巧克力淋面〕
白巧克力 160g
植物油（例如：葡萄籽油）8g
乾燥覆盆莓碎 適量

作法 · Methods

01 低筋麵粉、杏仁粉過篩並混合備用。

Point · 過篩兩次以上，降低結塊風險。

用刮刀將常溫奶油拌至順滑的乳霜狀。加入糖並將兩者攪拌均勻，呈現乳白色。

Point · 不要將空氣打入，稍微發白的均勻狀態即可。

先倒入 1/3 量的蛋液，確實與奶油霜均勻乳化後，再倒入剩餘蛋液的 1/3 量，攪拌均勻。

Point · 雞蛋溫度太低，會造成麵糊分離成蛋花狀。

麵糊若有輕微分離狀況屬正常現象，接著加入 1/2 的乾粉類，用切拌的方式慢慢將麵糊攪拌均勻。

05 剩下的蛋液分次少量加入麵糊，並一邊輕輕攪拌均勻。

加入剩餘的乾粉類，攪拌均勻。

Point · 蛋與粉類依序並分次加入，可防止麵糊分離，但攪拌次數不可過度，否則會出筋而導致口感變硬。

加入加熱至 60 度左右的溫熱牛奶，攪拌均勻。

覆盆莓果醬倒入一個小盆中，取約 150g 的麵糊與覆盆莓果醬混合攪拌均勻。

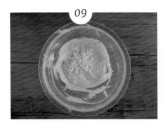

白巧克力豆倒入大盆裡的麵糊，攪拌均勻。

白巧克力豆麵糊倒入鋪了烘焙紙的模具中，再將覆盆莓麵糊倒在白巧克力豆麵糊上。

抹刀插入麵糊，畫 S 型把覆盆莓麵糊與白巧克力麵糊稍微混勻，最後再用刮刀抹平表面，並將抹刀垂直插入模具四個角落，讓麵糊填滿角落。

烘烤 · Bake

12　放入預熱至 160 度的烤箱烘烤約 45 分鐘。

Point · 蛋糕表面上色均勻，香氣明顯，用竹籤插入蛋糕中間，無沾黏即可出爐。

13　出爐後，從距離桌面 10cm 左右的高度，輕摔兩次排出氣體。

14　脫模，放在冷卻架上冷卻後，用保鮮膜包裹好，放入密封容器中，在室溫下放置一天。

Point · 放置過後可讓味道更加融合。

巧克力淋面
Chocolate Glaze

白巧克力微波至 2/3 融化狀態,再輕輕攪拌,利用餘溫讓白巧克力全部融化。

16 加入植物油,攪拌均勻。

 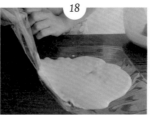 

蛋糕放在網架上,下方墊保鮮膜,從蛋糕頂部以均勻速度慢慢移動,讓蛋糕表面均勻淋上巧克力,並震動網架讓多餘的巧克力流下。

Point · 白巧克力淋面溫度約 30 度,溫度太高或太低會影響巧克力殼厚薄。

保鮮膜上的淋面倒回碗中,可再利用。

蛋糕移至平板上,在蛋糕中心線灑上覆盆莓碎做點綴,接著放入冷藏,待巧克力硬化即可密封保存。

脆皮巧克力蛋糕
Crispy Chocolate Cake

披覆上杏仁巧克力脆皮的可可蛋糕，味道濃郁、豐富且口感綿密，並結合布朗尼作法，強調濃郁的可可和巧克力口感，讓人一口可嚐到多層次滋味。

食譜份量	可做 2 條
使用模具	鐵製長條磅蛋糕不沾模，內部直徑約 8.7×17.8×6 cm
保存方式	放入密封袋，或用保鮮膜包裹並放入保鮮盒中保存
賞味期限	常溫約 10 天 / 冷凍約 1 個月

Note

- 經過約三天熟成後再享用口感更好。
- 蛋糕體可微波熱熱吃。
- 很適合搭配打發鮮奶油一起享用。

材料 · Ingredients

無鹽奶油 175g	上白糖 60g	〔脆皮巧克力淋面〕
鮮奶油 30g	海鹽 1.5g	牛奶巧克力 135g
70% 以上的黑巧克力 140g	低筋麵粉 80g	植物油（例如：葡萄籽油）50g
全蛋 175g	杏仁粉 50g	
黃糖 100g	無糖高脂可可粉 20g	杏仁角 40g
	泡打粉 2g	

作法・Methods

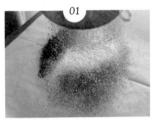

低筋麵粉、可可粉、杏仁粉和泡打粉過篩至同一個容器中備用。

Point・過篩兩次以上，降低結塊風險。

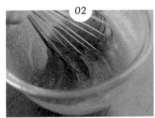

全蛋打散，加入海鹽、黃糖、上白糖，攪拌均勻。

乾粉類分次加入蛋液中，攪拌均勻。

Point・分次少量加入可幫助混合。

04 黑巧克力放入中型碗中，微波大火約 1 分鐘即可，以免巧克力溫度過高。

鮮奶油微波至溫熱後，倒入黑巧克力中，兩者攪拌均勻乳化。

將 175g 的奶油微波至完全融化後，倒進巧克力的碗中，輕輕攪拌讓兩者均勻乳化。

巧克力醬倒入麵糊，輕輕攪拌均勻，攪拌至麵糊呈現滑順有光澤的狀態。

將麵糊倒入鋪了烘焙紙的模具中，1 個模具填入約 408g，用刮刀抹平表面並垂直插入模具四個角落，讓麵糊填滿角落。

烘烤 ・ Bake

09　放入預熱至 160 度的烤箱烘烤約 45 分鐘。

　　Point・因巧克力口味的蛋糕較難判斷上色程度，可用竹籤插入蛋糕中間，無沾黏即可出爐。

10　出爐後，從距離桌面 10cm 左右的高度，輕摔兩次排出氣體。

脫模後用保鮮膜包裹好，放入密封容器中，在室溫下放置一天。

巧克力淋面
Chocolate Glaze

杏仁角放入預熱至 150 度的烤箱，烘烤約 5～7 分鐘，直至呈現金黃色。

牛奶巧克力與植物油放入碗中，隔水加熱融化並攪拌均勻乳化。

杏仁角倒入融化的巧克力碗中攪拌均勻。

蛋糕放在網架上，下方墊保鮮膜，從蛋糕頂部以均勻速度慢慢移動，使蛋糕表面均勻淋上巧克力，並震動網架讓多餘的巧克力流下。

Point・巧克力淋面溫度約 38 度，溫度太高或太低會影響巧克力殼厚薄。

16

蛋糕放入冷凍約 1 小時，使淋面凝固即可密封並常溫保存，三天熟成後為最佳賞味時間。

Point・此款蛋糕經熟成後更濕潤，香氣也更深沉濃郁。

抹茶白巧克力蛋糕
White Chocolate Matcha Cake

濃郁的抹茶香氣搭配白巧克力的香甜，是清新且充滿日式風情的磅蛋糕，蛋糕本身膨鬆軟綿，搭配上奶油菠蘿粒的酥脆，讓口感變得豐富。

食譜份量	可做 2 條
使用模具	鐵製長條磅蛋糕不沾模，內部直徑約 8.7×17.8×6 cm
保存方式	放入密封袋，或用保鮮膜包裹並放入保鮮盒中保存
賞味期限	常溫約 10 天 / 冷凍約 1 個月

材料・Ingredients

無鹽奶油 175g

上白糖 135g

全蛋 189g

低筋麵粉 193g

杏仁粉 40g

抹茶粉 15g

泡打粉 1.5g

耐烤白巧克力豆 60g

〔奶油酥菠蘿〕

無鹽奶油 17g

黃糖 34g

海鹽 0.5g

低筋麵粉 27g

杏仁粉 7g

綠檸檬皮屑 0.5pc

作法 · Methods

▪ 奶油酥菠蘿 Crumble

01

02

03

常溫奶油攪拌至質地柔軟後，加入糖、海鹽，並攪拌均勻。

麵粉、杏仁粉與綠檸檬皮屑倒入碗中，用打蛋器攪拌均勻。

將步驟 02 倒入奶油盆中，用刮刀將兩者切拌混合，直到粉類包裹住奶油，形成沙狀的奶油碎屑。

04 蓋上保鮮膜並放入冷藏備用。

▪ 抹茶蛋糕體 Cake Base

05 低筋麵粉、杏仁粉、泡打粉和抹茶粉過篩至同一個容器中備用 。

Point · 篩兩次以上，降低結塊風險。

06

用電動攪拌器將奶油打至順滑後，加入糖一起攪拌至呈現白色乳霜狀。

Point · 打入適量空氣使質地發白即可，過度打發會導致蛋糕體乾硬。

先倒入 1/3 量的蛋液,確實與奶油霜拌勻,均勻乳化後,再倒入 1/3 的蛋液,攪拌均勻。

Point‧這時麵糊看起來有稍微分離屬正常,但若雞蛋溫度太低,會造成麵糊完全無法乳化,而分離成碎屑的蛋花狀。

加入 1/2 的乾粉類,用切拌的方式慢慢將麵糊攪拌均勻。

Point‧小心不要過度攪拌,看不見粉即可停止攪拌。

剩下的蛋液分次少量的加入麵糊中,並一邊輕輕攪拌均勻。

加入剩餘的乾粉類,慢慢攪拌至看不見麵粉即可。

Point‧蛋液與粉類依序並分次加入,可防止麵糊分離,但攪拌不可過度否則會出筋而導致口感變硬。

倒入白巧克力豆,攪拌均勻。

麵糊放入擠花袋中,在鋪了烘焙紙的模具中擠入 395g 的麵糊,並確實將麵糊填入模具四個角。

用刮刀把表面抹平。

在每個蛋糕麵糊的表面，均勻撒上 30g 的奶油酥菠蘿。

拿起模具，向左向右搖晃，讓酥菠蘿滾動到四個角落，確實將表面鋪滿。

烘烤 · Bake

16　放入預熱至 160 度的烤箱烘烤約 45 分鐘。

17　表面的奶油酥菠蘿上色均勻，香氣明顯，用竹籤插入蛋糕中間，無沾黏即可出爐。

輕輕提起兩端的烘焙紙將蛋糕脫模，即可趁熱享用。或是放涼後，用保鮮膜包裹好，放入密封容器中保存。

伯爵茶檸檬奶酥蛋糕
Earl Grey and Lemon Crumble Cake

優雅清新的伯爵茶香與酸甜檸檬香氣結合，蛋糕表面撒上檸檬酥菠蘿後烘烤，帶來細微的酥脆口感，是一款從嗅覺到口感，都令人印象深刻的甜點。

食譜份量	可做 2 條
使用模具	鐵製長條磅蛋糕不沾模，內部直徑約 8.7×17.8×6 cm
保存方式	放入密封袋，或用保鮮膜包裹並放入保鮮盒中保存
賞味期限	常溫約 10 天 / 冷凍約 1 個月

材料 · Ingredients

無鹽奶油 175g	〔奶油酥菠蘿〕
上白糖 145g	無鹽奶油 17g
黃檸檬皮屑 2pc	黃糖 34g
全蛋 193g	海鹽 0.5g
低筋麵粉 193g	低筋麵粉 27g
杏仁粉 40g	杏仁粉 7g
伯爵茶粉 10g	綠檸檬皮屑 0.5pc
泡打粉 1.2g	
耐烤白巧克力豆 60g	

作法 ・Methods

▪ 奶油酥菠蘿 Crumble

參考 P166 奶油酥菠蘿作法

▪ 伯爵茶蛋糕體 Cake Base

01

低筋麵粉、杏仁粉和泡打
粉過篩兩次，再加入伯爵
茶粉，攪拌均勻備用。

Point．本食譜使用的茶粉顆
粒較粗不需一起過篩。

02

檸檬皮屑與糖混合並攪拌
均勻，讓糖充滿檸檬香氣。

03

用電動攪拌器將奶油打至
順滑後加入糖，並攪拌至
呈白色乳霜狀。

Point．打入適量空氣讓質地
發白即可，過度打發是導致蛋
糕體乾硬的原因。

04

先倒入 1/3 量的蛋液，確
實與奶油霜拌勻，均勻乳
化後，再倒入 1/3 的蛋液，
攪拌均勻。

Point．這時麵糊看起來有稍
微分離屬正常，但若雞蛋溫度
太低，會造成麵糊完全無法乳
化而分離成碎屑的蛋花狀。

05

加入 1/2 的乾粉類，用切
拌的方式慢慢將麵糊攪拌
均勻。

Point．小心不要過度攪拌，
看不見粉即可停止攪拌。

06

將剩下的蛋液一次倒入麵
糊中，使用電動攪拌器低
速攪拌約 10 秒，完成麵糊
的乳化均勻即可。

Point．若依照前幾款磅蛋糕
做法，使用刮刀的情況下，請
將蛋液分次少量加入。

07

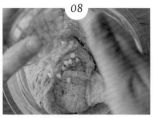

08

09

加入剩餘的乾粉類，使用刮刀，慢慢地攪拌至看不見粉即可。

Point·蛋與粉類依序並分次加入，可防止麵糊分離，但攪拌不可過度否則會出筋而導致口感變硬。

倒入白巧克力豆，攪拌均勻。

麵糊放入擠花袋中，在鋪了烘焙紙的模具中擠入380g 的麵糊。

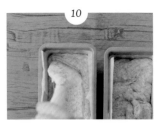

10

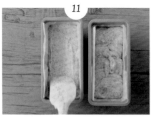

11

12

刮刀插入模具四個角落，確實將四個角填入麵糊。

抹平表面。

在每個蛋糕麵糊表面，撒上 40g 的奶油酥菠蘿，將表面均勻舖滿。

13

輕輕拍壓酥菠蘿，使之貼合麵糊表面。

烘烤 · Bake

14　放入預熱至 160 度的烤箱烘烤約 50 分鐘。

15　表面的酥菠蘿上色均勻，香氣明顯，用竹籤插入蛋糕中間，無沾黏即可出爐。

16　輕輕提起兩端的烘焙紙將蛋糕脫模，即可趁熱享用。或是放涼後，用保鮮膜包裹好，放入密封容器中保存。

Chapter **4**

Tarts

永恆的經典
酥脆療癒的甜塔系列

　　Tarts，源自法國的甜點，中文翻譯為
「塔」，是一種利用杏仁粉、奶油、糖、蛋製
作而成的餅乾皮為基底，並將其做成一個容器
的形狀，外形通常為圓形或方形，裡面則填入
各種餡料進行烘烤。

　　有快速製作需求的店家，多半使用冷凍切
丁奶油並以食物調理機製成，降低因奶油溫度
掌控不佳導致塔皮塌陷或變形的風險。若是一
般在家使用桌上型攪拌機或手工製作塔皮，則
使用冷藏奶油，麵團需較長時間的冷藏鬆弛。

蘭姆洋梨塔
French Pear Tart

學習法國傳統甜塔，少不了經典洋梨塔。這是款在甜塔殼中填入杏仁奶油餡，表面鋪上洋梨切片的甜點，食譜結合杏仁、洋梨、香草與蘭姆酒，各自獨特的香氣在嘴裡散開，美味地讓人印象深刻。

食譜份量	約 8 片
使用模具	直徑 24cm 深度 2.8cm 菊花塔模
保存方式	保鮮膜裹好後，放進密封盒中冷凍保存
賞味期限	常溫約 2 天 / 冷凍約 2 週，食用前回烤 3 分鐘更美味

材料 · Ingredients

〔塔皮〕
無鹽奶油 83g
中筋麵粉 140g
糖粉 52g
鹽 0.6g
杏仁粉 15g
全蛋 29g
香草膏 1g

〔杏仁奶油餡〕
無鹽奶油 100g
糖粉 120g
杏仁粉 120g
全蛋 110g
香草莢 1pc
黑蘭姆酒 10g

洋梨 3 顆
杏桃果醬 適量

作法 · Methods

▪ 塔皮 Tart Shell

01 參考 P26 法式杏仁甜塔皮作法。

Point·香草膏與全蛋一同混勻後加入。

▪ 內餡 Filling

取出洋梨,用廚房紙巾吸乾多餘水分。

Point·可用新鮮水果替代,但新鮮果物甜度不一,建議削皮後浸泡糖水,再放入冷藏靜置一晚。

切半的洋梨切面朝下面,將 1/2 的洋梨去頭去尾(約 1.5cm)後,切成厚度約 3mm 的片狀,接著蓋上保鮮膜,放在一旁備用。

室溫無鹽奶油切成小塊,放入有深度的碗盆中,用打蛋器將其攪拌至完全柔順無顆粒。

將過篩的糖粉及杏仁粉倒入奶油中,用刮刀拌勻。

Point·適當打入空氣即可,不要攪拌過度。

蛋液分兩次加入,確實拌勻後再加入下一次,攪拌均勻。

Point·此時使用打蛋器較能有效攪拌均勻。

加入香草籽與黑蘭姆酒攪拌均勻,香草籽先在盆邊用刮刀壓散開來,再拌進奶餡。

Point·奶餡看起來有顆粒感屬正常現象。

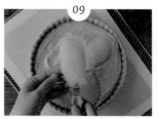

完成後，將蘭姆香草奶餡倒入冷凍定型的塔殼中。

L 型抹刀從洋梨的中心伸入，將洋梨切片慢慢提起，另一隻手扶著洋梨。

以塔的中心為出發點，採放射狀鋪上洋梨切片，稍微按壓進奶餡中，讓表面平整。

Point · 用 L 型抹刀稍微輕抹過高的奶餡，讓表面更平整。

烘烤 · Bake

11 放入預熱至 165 度的烤箱最下層，烘烤 50 分鐘。

Point · 表面上色且塔殼邊緣均勻上色為出爐基準。

12 出爐後移至冷卻架，待確實冷卻後再脫模。

在洋梨的表面刷上杏桃果醬，並在杏仁奶餡表面撒上糖粉裝飾即可。

茶香白桃塔
Peach and Tea Tart

利用法式甜塔的邏輯與個人喜好，搭配各種水果，創造出獨特口味，就像白桃的果香與茶的清香就十分契合，結合後呈現的是清爽、優雅的味道。

食譜份量	約 8 片
使用模具	直徑 24cm 深度 2.8cm 菊花塔模
保存方式	保鮮膜裹好後放進密封盒中冷凍保存
賞味期限	常溫約 2 天 / 冷凍約 2 週，食用前回烤 3 分鐘更美味

材料 · Ingredients

〔塔皮〕
無鹽奶油 83g
中筋麵粉 140g
糖粉 52g
鹽 0.6g
杏仁粉 15g
全蛋 29g
香草膏 1g

〔紅茶杏仁奶油餡〕
無鹽奶油 100g
糖粉 125g
杏仁粉 125g
全蛋 120g
紅茶葉（粉）10g

白桃 3 顆
杏桃果醬 適量

作法 · Methods

▪ 塔皮 Tart Shell

01 參考 P26 法式杏仁甜塔皮作法。

Point · 香草膏與全蛋一同混勻後加入。

▪ 內餡 Filling

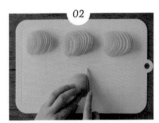

02 取出白桃，用廚房紙巾將多餘水分吸乾後，切半的白桃切面朝下，將其切成約 3mm 的片狀，接著蓋上保鮮膜，放在一旁備用。

Point · 可用新鮮水果替代，但新鮮果物甜度不一，建議削皮後浸泡糖水，再放入冷藏靜置一晚。

03 室溫無鹽奶油切成小塊，放入有深度的碗盆中，用打蛋器將其攪拌至完全柔順無顆粒。

04 將過篩的糖粉及杏仁粉倒入奶油中用刮刀攪拌均勻，再加入打碎的紅茶葉（可使用咖啡磨豆機或用刀來回切細）。

Point · 紅茶葉可用紅茶粉或伯爵茶粉替代。

蛋液分兩次加入,確實拌勻後再加入下一次,並攪拌均勻。

完成後,將紅茶奶餡倒入冷凍定型的塔殼中。

07 以塔的中心為出發點,採放射狀鋪上白桃切片,稍微按壓進奶餡中,讓表面平整。

Point· 用 L 型抹刀稍微輕抹過高的奶餡,讓表面更平整。

烘烤 · Bake

08 放入預熱至 165 度的烤箱最下層,烘烤 50 分鐘。

表面上色且塔殼邊緣均勻上色即可出爐,出爐後移至冷卻架,待確實冷卻後再脫模。

10 在白桃表面刷上杏桃果醬,並在塔的邊緣撒上糖粉裝飾即可。

巧克力莓果塔
Chocolate Raspberry Tart

在酥脆的塔皮裡填滿紅色莓果,與可可卡士達杏仁奶油餡一起烘烤,濃郁的巧克力和酸甜的覆盆莓相得益彰,是非常受女性歡迎的經典口味!

食譜份量	約 8 片
使用模具	直徑 24cm 深度 2.8cm 菊花塔模
保存方式	保鮮膜裹好後放進密封盒中冷凍保存
賞味期限	常溫約 2 天 / 冷凍約 2 週,食用前回烤 3 分鐘更美味

材料 · Ingredients

〔塔皮〕
無鹽奶油 83g
中筋麵粉 140g
糖粉 52g
鹽 0.6g
杏仁粉 15g
全蛋 29g
香草膏 1g

〔巧克力卡士達醬〕
牛奶 150g
香草膏 3g
蛋黃 30g
細砂糖 30g
馬鈴薯澱粉 12g

無鹽奶油 15g
70% 黑巧克力 30g

Note

製作卡士達時,份量如果太少,較不易判斷質地,因此這裡提供的是較容易製作,且足夠完成兩顆大塔的份量。

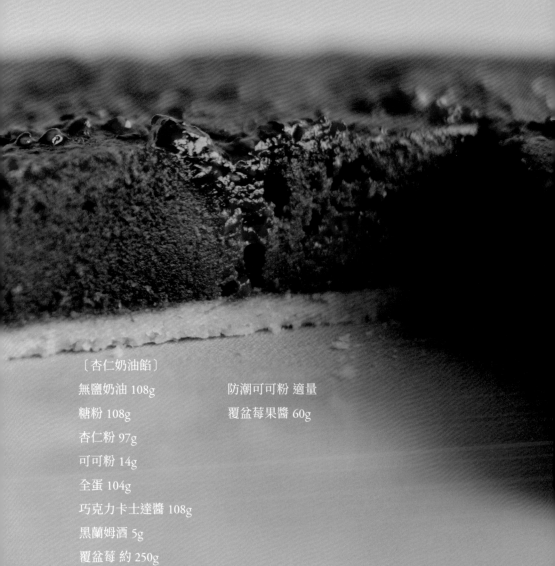

〔杏仁奶油餡〕

無鹽奶油 108g　　　　防潮可可粉 適量

糖粉 108g　　　　　　覆盆莓果醬 60g

杏仁粉 97g

可可粉 14g

全蛋 104g

巧克力卡士達醬 108g

黑蘭姆酒 5g

覆盆莓 約 250g

作法 · Methods

■ 塔皮 Tart Shell ─────────────────────────────

(01) 參考 P26 法式杏仁甜塔皮作法。

■ 內餡 Filling ─────────────────────────────

02

03

製作香草卡士達，作法參
考 P196。香草卡士達完成
後，加入巧克力和無鹽奶
油，利用卡士達餘溫融化
並攪拌均勻。

做好的卡士達用保鮮膜包
裹密封，避免乾燥結皮，
並放入冷藏至少 2 個小時
至完全冷卻。

(04) 將已軟化的無鹽奶油放入有深度的碗盆中，攪拌至乳霜狀。

05

06

將過篩的糖粉、杏仁粉和
可可粉倒入奶油中，攪拌
至成團即可。

蛋液分 2 次加入，並使用
打蛋器確實拌勻後，再加
入下一次。

Point · 適當將空氣打入即可，
不要過度攪拌。

07 完成後加入黑蘭姆酒,攪拌均勻。

將巧克力卡士達醬從冷藏
取出 108g,並攪拌至光亮
滑順。(可使用電動攪拌
器)

Point · 使用前提前拿出退冰,
較能輕易攪拌均勻軟化。

取出 1/3 的杏仁奶油餡與
巧克力卡士達混合均勻。

Point · 在巧克力卡士達中先
加入些許杏仁奶餡混合來調
整卡士達質地,等質地接近
杏仁奶餡後,再和剩餘的杏
奶油餡混合,由於兩者質地
接近,較不易結塊。

10 卡士達倒回杏仁奶油餡中,攪拌均勻。

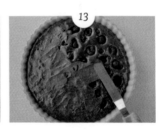

完成的巧克力杏仁奶油餡
倒入冷凍定型的塔殼中。

冷凍覆盆莓均勻分佈在表
面,再按壓進奶餡中。

用抹刀抹平表面。

烘烤 · Bake

放入預熱至 165 度的烤箱最下層，烘烤 70 分鐘。

Point · 若表面上色但邊緣的塔殼尚未上色均勻，可在表面蓋上矽膠墊繼續烘烤，以避免表面烤焦。

Point · 奶油餡稍微膨脹，表面及塔殼上緣上色爲可出爐的基準。

05　出爐後移至冷卻架，待確實冷卻後再脫模。

裝飾
Decorate

表面塗上覆盆莓果醬（參考 P34 覆盆莓果醬作法），放進預熱 180 度的烤箱烘烤 3 分鐘。

放一個直徑 18cm 的碗在塔的中間，外圈均勻篩上可可粉裝飾。

經典烤起司塔
Baked Cheese Tart

將帶著清爽口感及微微酸香的起司內餡，填入法式塔皮裡，柔軟又酥脆。這是款清爽且濃郁，讓人嚐一口就有共鳴的經典甜點。

食譜份量	約 8 片
使用模具	直徑 24cm 深度 2.8cm 菊花塔模
保存方式	保鮮膜裹好後放進密封盒中冷凍保存
賞味期限	常溫約 2 天 / 冷藏 6 天 / 冷凍 2 週

材料 · Ingredients

〔塔皮〕

無鹽奶油 83g

中筋麵粉 140g

糖粉 52g

鹽 0.6g

杏仁粉 15g

全蛋 29g

香草膏 1g

〔起司餡〕

奶油乳酪 200g

牛奶 125g

動物性鮮奶油 110g

蛋黃 22g

細砂糖 40g

低筋麵粉 13g

檸檬汁 19g

作法 · Methods

▪ 塔皮 Tart Shell

（01） 參考 P26 法式杏仁甜塔皮作法。

Point·香草膏與全蛋一同混勻後加入。

冷凍定型的塔殼底部抹上打散的蛋液，放入預熱至180度的烤箱，預先烘烤10分鐘。

▪ 內餡 Filling

室溫奶油乳酪放入有深度的碗盆中，攪拌至滑順狀，加入砂糖攪拌均勻。	牛奶和鮮奶油混勻後，再倒入乳酪中，接著用打蛋器攪拌至無顆粒滑順狀。	蛋黃逐量加入，確實拌勻後再加入下一次，並攪拌均勻。
	Point·一邊倒入一邊攪拌，幫助攪拌效率。	*Point*·去除雞蛋臍帶，避免影響口感。

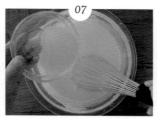

加入過篩的麵粉，攪拌均勻。

最後倒入檸檬汁，快速攪拌均勻。

Point·加入檸檬汁後，奶餡質地變濃稠是正常的。

過濾起司餡。

倒入預烤出爐，已降溫的塔殼中。

Point·避免起司餡衝破塔底，先倒在刮刀上，利用其當緩衝，讓起司餡流入塔殼中。

烘烤 · Bake

(10) 放入預熱至 170 度的烤箱最下層，烘烤 45 分鐘。

Point·表面上色且塔殼邊緣均勻上色為出爐基準。

出爐後移至冷卻架，待確實冷卻後再脫模。

法式烤布丁塔
French Custard Tart

這是一款經典法國點心，將現煮卡士達醬填入塔皮中一起烤製而成，成品內餡如同布丁，口感 Q 彈，且一口咬下可品嚐到濃烈的香草香氣與奶香。

食譜份量	約 6 片
使用模具	內直徑 18cm 深度 4.5cm 圓形烤盤
保存方式	一整模放進密封盒中冷藏保存
賞味期限	常溫約 2 天／冷藏約 1 週。

材料 · Ingredients

〔塔皮〕

無鹽奶油 75g

中筋麵粉 124g

糖粉 47g

鹽 0.5g

杏仁粉 14g

全蛋 26g

香草膏 1g

〔卡士達奶餡〕

牛奶 360g

動物性鮮奶油 120g

香草莢 1pc

蛋黃 95g

細砂糖 110g

馬鈴薯澱粉 33g

無鹽奶油 40g

作法 · Methods

▪ 塔皮 Tart Shell

01

參考 P.26 法式杏仁甜塔皮的作法及使用相同的塔皮鋪模方法即可。

Point · 香草膏與全蛋一同混勻後加入。

▪ 內餡 Filling

02 在盆中將蛋黃和砂糖用打蛋器攪拌至泛白。

Point · 蛋黃碰到砂糖會結塊，因此事先分開秤好，兩者倒入盆中，立刻攪拌均勻。

03

加入馬鈴薯澱粉，攪拌至完全均勻看不見粉即可。

04 在另一個小鍋中倒入牛奶、鮮奶油與香草籽，以小火煮至鍋子邊緣冒小泡的微滾狀態後，把牛奶倒入步驟 03 中，邊倒邊攪拌，避免熱牛奶把蛋煮熟。

Point · 盆子底部可墊一塊濕布，防止碗盆轉動。

05

攪拌均勻後過篩倒回鍋中，去除雜質。

過篩的蛋奶液以小火烹煮，過程中持續攪拌，避免燒焦。當質地變濃稠並產生黏性後，維持小火烹煮且持續攪拌，直到變成光滑柔順的美乃滋狀態。

Point · 在維持穩定火力前提下，從質地變濃稠後的烹煮直到變光滑爲止，約需 2 分鐘。

卡士達完成後，離火，加入奶油丁，持續攪拌，利用卡士達餘熱完全融化奶油，與卡士達混合均勻即可。

將完成的光滑卡士達醬倒入冷凍定型的塔殼中。

09 用抹刀將表面抹平。

烘烤 · Bake

10 放入預熱至 165 度的烤箱最下層，烘烤 50 分鐘。
Point · 待卡士達表面上色至深咖啡色，且塔殼上緣呈現棕色即可出爐。

11 出爐後移至冷卻架，待確實冷卻且內餡凝固，再脫模。
Point · 降溫後可放入冷藏加速內餡定型。

Beloved desserts at cafes.

那些咖啡廳裡
深受喜愛的甜點

在咖啡廳品嚐美味的甜點，是現代人生活的一部
分，滿足味蕾的同時，也感受生活美好。有些甜點雖
是經典不可取代，但常溫點心有其獨特魅力，尤其適
合搭配各種飲品享用，因此是咖啡廳裡不可或缺的角
色，且不論是樸實無華的外表，還是紮實口感，都能
讓人們在忙碌的生活中得到療癒。

法式香草可麗露
Vanilla Canelé

Canelé 可麗露是一款來自法國的經典甜點，外表就像一顆鈴鐺，脆酥的外殼融合了柔軟綿密的內餡，撲鼻而來的是濃郁的甜香，每一口都是那麼美味、那麼撩人心弦。

食譜份量	約 10 顆
使用模具	日本製合金鋼不沾可麗露模直徑 57mm×高 56mm
保存方式	放入密封袋中再放進容器冷凍保存
賞味期限	出爐 1 小時後的半天內食用口感最佳 / 常溫 1 天 / 冷凍 2 週

材料 · Ingredients

牛奶 500g

香草莢 1pc

全蛋 100g

蛋黃 40g

細砂糖 160g

低筋麵粉 100g

黑蘭姆酒 10g

軟化的無鹽奶油 25g

（塗抹用）

作法 · Methods

01

牛奶倒入小鍋中，加入刮下的香草籽（香草殼也一併加入），並以中小火加熱至約 70 度。

Point · 牛奶不煮至沸騰，是為了避免表面結皮，及烘烤時麵糊的穩定度，且接下來與麵糊混合時，也不需花時間等待降溫。

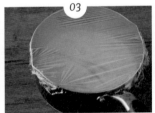
03

離火並蓋上保鮮膜，靜置悶蒸至少 10 分鐘。

Point · 靜置悶蒸可以讓香草的香氣能完全釋放。

04

低筋麵粉篩入碗盆中，加入細砂糖，將兩者攪拌均勻。

05

悶蒸好並降溫至約 50 ～ 60 度的香草牛奶（連同香草莢），分次倒入步驟 04 的乾粉中攪拌均勻，避免過度攪拌，以免導致出筋。

Point · 牛奶倒入時的溫度會影響烘烤時麵糊的膨脹狀況。

06

將全蛋及蛋黃混合，分次加入，用刮刀維持同一方向輕輕攪拌均勻。

07

加入黑蘭姆酒，維持同一方向輕輕攪拌均勻。

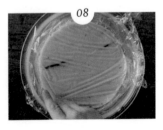
08

保鮮膜貼面密封，放進冷藏 11 ～ 24 個小時。

09 冷藏靜置完成，取出麵糊，退冰至室溫 20～30 度。

Point·冬天室溫較低的狀況下，可以隔一盆溫熱水來幫助加速退冰。

10 毛刷沾些許奶油，從壁邊開始在模具內均勻刷上一層奶油，頭部的地方一樣刷上奶油。

Point·維持同一方向一次刷到底的方式，可讓奶油厚度一致。

11 刷好油的模具放入冰箱，讓奶油凝固。

12 回溫完成的麵糊輕輕攪拌均勻，過篩至量杯中。

13 取出冰涼的模具，各倒入麵糊約八分滿（約 80g／個）。

14 接著交錯排列在墊著紙的烤盤上。

Point·烘烤時麵糊會沸騰並噴汁，下面墊紙比較好清理。

烘烤·Bake

15 放入預熱至 190 度的烤箱，烘烤 55～60 分鐘。

Point·麵糊長高凸出模具太多時，戴手套取出並輕拍側邊，同時轉動模具讓麵糊下滑。
Point·根據使用烤箱的性能不同，做溫度測試及調整。

16 麵糊有回縮，且成品高度跟倒入的麵糊高度一致後，先倒出一顆確認外殼呈深咖啡色，即可出爐。

Point·若沒有上色，再追加烘烤時間。

17 完成後移至冷卻架，待確實冷卻後，再密封保存。

Point·可麗露出爐半小時後，外殼才會呈現酥脆感，此時也是最佳品嚐時間。

Note

烤可麗露的溫度管理是最重要的一環，建議使用烤箱溫度計來確認溫度。另外每個烤箱狀況條件不同，烘烤溫度及時間可能需要自行調整。

巧克力豆司康
Chocolate Scone

源自英國的傳統點心司康，表面帶著微微的金黃色，口感鬆軟又帶點酥脆，是介於餅乾和麵包間的口感，通常搭配果醬或奶油享用，一般英式司康有著圓滾滾的外型，本書司康則是美式風格的三角形造型。

食譜份量　約 7×8 cm 三角形司康 6 顆

保存方式　放入密封容器中保存

賞味期限　剛出爐食用口感最佳 / 常溫 3 天 / 冷凍保存 14 天，
　　　　　食用前回烤 3 分鐘更美味

材料 · Ingredients

A/

鹽 2g

高筋麵粉 165g

低筋麵粉 85g

泡打粉 10g

黃糖 40g

無鹽奶油 62.5g

牛奶 120g

耐烤巧克力豆 50g

蛋黃 1 顆
（打散後塗抹用）

作法 · Methods

(01)　材料 A 放入有深度的碗盆中，使用打蛋器攪拌至完全混合均勻。

將奶油切丁，加入材料 A
中。

將奶油與粉類用手指尖搓
合，直到呈現沙子狀即完
成混合。

Point · 避免使用手掌，因溫
度較高容易使奶油融化。

倒入牛奶，使用刮板，以
切拌方式整形麵團。

Point · 像切麵團一樣，維持
同一方向劃開，並一邊旋轉
碗盆，讓粉類與液體混合。

倒入巧克力豆，均勻拌入
麵團，接著把麵團放到桌
面上，以輕輕拍打的方
式，把麵團整形成厚度
2cm 的扁圓形。

可把較長邊的麵團對摺進
來，將其塑成圓形，摺疊
次數控制在三次以下，避
免麵團出筋。

圓形麵團分切 6 等分。

麵團間保持距離，交錯排列在鋪著矽膠網墊的烤盤上，並在表面刷上適量蛋黃。

烘烤 · Bake

09 放入預熱至 180 度的烤箱，烘烤 25 分鐘。

Point · 麵團表面及側邊皆有上色且膨脹起來為出爐基準。

出爐後移至冷卻架，待冷卻後，用保鮮膜包裹好，放入盒中密封保存。

法式糖粒小泡芙
Chouquettes

源自法國的 Chouquettes 又稱糖粒泡芙，
外型看起來像小球一般，不需填入內餡，在
烘烤前撒上粗糖，口感卡滋卡滋，讓人會忍
不住一口接一口。

食譜份量	約 90 顆
使用模具	直徑 10mm 圓形花嘴
保存方式	放入密封容器中保存
賞味期限	剛出爐的食用口感最佳 / 常溫 3 天 / 冷凍保存 14 天，食用前回烤 3 分鐘更美味

材料・Ingredients

A/
無鹽奶油 87g
牛奶 63g
水 63g
細砂糖 13g
鹽 2.5g

低筋麵粉 76g
全蛋 120g
蛋黃 20g
中雙糖 60g

作法 · Methods

(01) 麵粉過篩兩次。

(02) 奶油切丁。

Point · 奶油切丁加入一起烹煮可降低烹煮時間，避免蒸發過多水分。

(03)

材料 A 放入鍋中，維持中小火加熱至奶油融化。

(04)

待奶油融化後，轉大火加熱至液體沸騰。

(05)

倒入篩好的麵粉，用木製攪拌棒快速來回攪拌。

Point · 使用木製攪拌棒較能夠有效施力，快速攪拌均勻。

(06)

攪拌至看不見粉並成團不黏鍋即可。

Point · 若麵團降溫過度導致無法成型，可將鍋子回火加溫，拌炒至不黏鍋爲止。

(07)

成團後，倒入另一個盆中，使用刮刀快速攪拌使之降溫至約 60 度（手摸碗盆，覺得溫熱即可）。

(08)

將全蛋跟蛋黃混合攪拌均勻，分 4 次加入，每次確實攪拌均勻後，再繼續加入。

完成的泡芙麵糊，質地應是光亮滑順，並具有低流動性。

Point·提起刮刀，呈現明顯的倒三角形狀，且尾端有薄膜狀即完成。

完成的泡芙麵糊倒入裝有圓形花嘴的擠花袋中，在墊有矽膠墊（或油紙）的烤盤上，擠出約直徑 2cm 的小圓球，每個麵團距離約 2cm。

手指沾水，輕壓麵團表面突起的小尖角，使表面平滑。

在麵團表面灑上適量的中雙糖，傾斜烤盤讓多餘的糖粒脫落，並從烤盤中取下。

Point·本書使用的是日本中雙糖，傳統食譜使用的是珍珠糖，皆為耐烤不易融化的砂糖。

烘烤·Bake

13　放入預熱至 160 度的烤箱，烘烤 25 分鐘。

Point·烘焙時勿打開烤箱門，否則泡芙會消風塌陷。

14　泡芙平均膨脹成圓球狀，且表面上色呈現金黃色即可出爐，
　　出爐後移至冷卻架，待確實冷卻後，即可密封保存。

櫻桃克拉芙緹

Cherry Clafoutis

源自法國的 Clafoutis 是款製作過程簡單的經典甜點，將水果（通常是櫻桃）放進深烤盤，淋上麵糊，烘焙後邊緣微微上翹，內部柔軟濕潤。可用各種各樣的水果製作，是一款喜愛水果類蛋糕的人，絕不能錯過的法式甜點。

食譜份量	約 4 人份
使用模具	直徑 18cm 深度 4.5cm 鑄鐵鍋 1 個
保存方式	保鮮膜密封冷藏
賞味期限	剛出爐食用口感最佳 / 冷藏保存約 2 天

材料 · Ingredients

全蛋 60g

細砂糖 48g

鹽 1pinch

低筋麵粉 24g

杏仁粉 48g

融化奶油 6g

牛奶 120g

鮮奶油 30g

香草膏 3.6g

去籽櫻桃 20 ～ 25pc
（本書使用罐裝糖漬櫻桃。）

軟化的無鹽奶油 15g
（塗抹用）

作法・Methods

鑄鐵鍋抹上奶油。

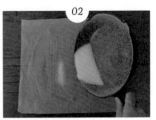

倒入細砂糖，以繞圈方式
讓砂糖均勻分佈，最後再
倒出多餘的砂糖。

03　鑄鐵鍋放入冷藏使奶油凝固。

04　在碗盆中將蛋、糖和鹽混合，攪拌均勻。

加入篩好的麵粉與杏仁
粉，攪拌均勻。

加入融化奶油、牛奶、鮮
奶油與香草膏，攪拌均
勻。

取出冰涼的鑄鐵鍋，將瀝
乾水分的去籽櫻桃放入鍋
中。

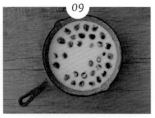

蛋奶液逐量倒在刮刀上，
分流式倒入鑄鐵鍋，避免
集中沖入擠壓到櫻桃。

倒入後櫻桃會微微浮起，
蛋奶液約八分滿即可。

Point·烘焙時蛋糕會膨脹，
因此需預留空間。

烘烤 · Bake

10　放入烤箱 180 度烘烤 35 ～ 40 分鐘。

11　整體膨脹，並且蛋糕邊緣微微凸起，整體表面呈現金黃色，即可出爐。

Point·鑄鐵鍋經過烘烤後會很燙，要小心出爐，出爐後可倒扣在盤子上，撒上糖粉食用。

脆皮布朗尼
Crispy Brownie

一款備受喜愛的甜點,外皮薄脆口感,內餡濕潤軟綿,做法簡單,可依個人喜好,添加各種莓果、堅果等食材做變化,由於食材中含有高比例黑巧克力,因此巧克力品質也攸關蛋糕質感。

食譜份量	6.7cm 方形約 9 個
使用模具	21×21×6cm 方形金屬模
保存方式	放入密封容器中保存
賞味期限	剛出爐食用口感最佳常溫 3 天 / 冷藏 7 天 / 冷凍 14 天,食用前再回烤 3 分鐘更美味。

材料 · Ingredients

70% 黑巧克力 216g

無鹽奶油 172g

全蛋 235g

黃糖 162g

細砂糖 108g

香草膏 3.3g

鹽 1.6g

低筋麵粉 97g

可可粉 22g

作法 · Methods

01

參考 P147 作法，在模具裡鋪上烘焙紙，接著在烘焙紙表面刷上烤盤油或軟化奶油。

02

煮一鍋水，小滾後熄火，將裝有黑巧克力的碗盆放入熱水中，隔水加熱融化巧克力。

03

奶油放入微波融化，達到溫度 60 度時倒入巧克力碗中，輕輕將兩者攪拌均勻，讓巧克力完全融化。

Point· 呈現光亮並滑順的質地才是完成乳化。

04

將蛋放入有深度的中型碗盆中打散，接著加入黃糖、細砂糖、鹽與香草膏，快速攪拌打入空氣，麵糊會呈現乳黃色。

Point· 使用電動攪拌器較能快速且均勻地帶入空氣。

05

巧克力逐量倒入蛋糊中，一邊攪拌均勻至光滑狀。

06

篩好的麵粉與可可粉，分兩次倒入盆中，用刮刀輕輕攪拌，直至看不見粉即可。

完成的麵糊從離模具15cm
的高處倒入，刮刀垂直插
入四個邊角，讓麵糊均勻
填入角落，最後將表面抹
平。

烘烤 · Bake

08　放入預熱至170度烤箱，烘烤25分鐘。

09　出爐之後靜置在冷卻架上約5分鐘，稍待降溫後小心拉起邊緣的紙張提
　　起蛋糕，使其脫模。

在蛋糕的四個邊，等距
6.7cm處做記號，接著用
長刀依據記號切出九塊方
形布朗尼。

11　最後撒上可可粉及糖粉作食用。

附
錄

東 京 自 由 之 丘
私 藏 9 選 甜 點 地 圖

Sweets Map
9 of my favorite in Setagaya Tokyo

❶ RYOURA

東京都世田谷区用賀 4-29-5 グリーンヒルズ用賀 ST1F
Open 1200-17:00 ｜ **Closed** 星期二、星期三不定休

在充滿活力與朝氣的藍色店鋪裡，提供精緻的馬卡龍、法式冷藏甜點，也能看到馬芬蛋糕、熔岩巧克力等，各種常溫點心的蹤跡。

❷ ATSUSHI HATAE 用賀店

東京都世田谷区玉川台 1-5-3 グレース玉川台 101
Open 11:00-19:00 ｜ Closed 星期一

在東京有三個門市，用賀店為主要廚房，產品種類齊全，不只有甜點與常溫餅乾，還有吐司、麵包等商品，提供客人更多選擇。

❸ KANU

東京都世田谷区深沢 4-32-9

購買方法：營業日爲每月下旬在官網上公告，並於前一週的星期五晚上九點開放預約。

Open 11:00-15:00 │ 官網預約：15:00-17:00 │ 現場排隊

店鋪開在充滿綠意的住宅區裡，提供英式司康，也提供法式蘋果香頌，不設限的提供各式各樣的甜點，讓人感受到主廚想提供所有美味的信念。

❹ PÂTISSERIE ASAKO IWAYANAGI

東京都世田谷区等々力 4-4-5

Open 11:00-18:00（甜點帕菲杯爲預約制）│ Closed 星期一、星期二

主廚將三間同名店鋪開在同一區，並將獨有的穩重美感帶入甜點，十分受歡迎，店內也販售可外帶的帕菲杯，千萬不要錯過司康等各種常溫點心。

❺ 河田勝彦 AU BON VIEUX TEMPS

東京都世田谷区等々力 2-1-3

Open 10:00-17:00 │ Closed 星期二、星期三

日本國寶級甜點教父河田勝彦的店，曾周遊法國的主廚將各地傳統點心在店中呈現，有些甚至在法國當地都已很少見，因此可說是東京最齊全的法式傳統甜點店。

❻ PÂTISSERIE SATO

東京都世田谷区奥沢 8-1-20 セレナ自由ヶ丘 1F

Open 11:00-19:00（週末：～ 18:00）│ Closed 以店家 IG 公告爲主

稍微遠離自由之丘車站的小商店街裡，不到兩坪大小的外帶甜點店，不管是店內提供的法式冷藏甜點或各種常溫點心，都有令人記憶深刻的美味。

❼ INFINI

東京都世田谷区奥沢 7-18-3

Open 11:00-19:00 │ Closed 以店家 IG 公告爲主

主廚以品嚐食材香氣為主題，設計了各種優雅的法式甜點，千萬別錯過店內各種精美長條磅蛋糕。

❽ PÂTISSERIE PARIS S'EVEILLE

東京都目黒区自由が丘 2-14-5

Open 11:00-19:00 │ Closed 以店家 IG 公告爲主

平日也是人潮滿滿的人氣名店，主廚特別善於利用柑橘來結合甜點，店內從冷藏點心到常溫點心，道地的味道中可吃出主廚的紮實功力。

❾ MONT St. CLAIR

東京都目黒区自由が丘 2-22-4

Open 11:00-18:00 │ Closed 星期三

除了精緻的冷藏甜點，店內也提供現烤出爐的各種水果派及麵包，在高質感的味道裡能吃出主廚挑選食材的用心。

法式常溫甜點

職人級烘焙，40 款經典食譜，從基礎技巧到口味變化

2023 年 11 月 01 日初版第一刷發行
2024 年 04 月 17 日初版第二刷發行

作　　者　微微 Verina
編　　輯　王玉瑤
攝　　影　微微 Verina
插　　畫　徐義雯
封面・版型設計　謝捲子 @ 誠美作
特約美編　梁淑娟
發 行 人　若森稔雄
發 行 所　台灣東販股份有限公司
　　　　　＜地址＞台北市南京東路 4 段 130 號 2F-1
　　　　　＜電話＞(02)2577-8878
　　　　　＜傳真＞(02)2577-8896
　　　　　＜網址＞ http://www.tohan.com.tw
郵撥帳號　1405049-4
法律顧問　蕭雄淋律師
總 經 銷　聯合發行股份有限公司
　　　　　＜電話＞(02)2917-8022

國家圖書館出版品預行編目 (CIP) 資料

法式常溫甜點
職人級烘焙，40 款經典食譜，從基礎技巧到口味變化
微微 Verina 著 . -- 初版 . --
臺北市：臺灣東販股份有限公司 2023.11
224 面 16×23 公分
ISBN 978-626-379-076-6 (平裝)

1.CST: 點心食譜

427.16　　　　　　　　　　　　　　112016036